Totenkopfschwärmer

Totenkopfschwärmer

Gestalt, Mythos, Zucht und Pflege der sagenumwobenen Gattung *Acherontia*

Acherontia atropos
Acherontia lachesis
Acherontia styx

Stephan Schorn

Trotz aller Sorgfalt ist es uns in einigen Fällen nicht gelungen, die Rechteinhaber von Abbildungen zu ermitteln. Berechtigte Ansprüche sind an den Verlag zu richten und werden selbstverständlich über die üblichen Vereinbarungen abgegolten.

mit 238 Fotos, 13 Grafiken und 8 Tabellen

Titelbilder: *Acherontia atropos*
groß: Imnature, iStockPhoto
links: akova, iStockPhoto
rechts: fpwing, iStockPhoto

Autorenfoto Umschlagrückseite: Stephan Schorn

ISBN: 978-3-89432-284-7

Lektorat: Caren Fuhrmann · www.textorganisation.de
Satz und Layout: ISM Satz- und Reprostudio GmbH, München
Druck und Bindung: Esser printSolutions GmbH, Bretten

Geleitwort

Ein Buch, das praktisch nur einer einzigen Insektenart gewidmet ist – was wird man da erwarten? Zuerst eine ausführliche Darstellung des Körperbaus, der Lebensweise, der Entwicklung. Allein dieser Anspruch wird überreich erfüllt. Aber das Buch hat noch mehr zu bieten. Es lenkt den Blick auf die sehr vielfältigen Beziehungen zwischen Mensch und Insekt.

Man denkt bei diesem Thema zuerst an die krasse Einteilung in Nützlinge und Schädlinge. Für nützlich erachten wir Insekten als Blütenbestäuber, Bodenbildner durch den Abbau riesiger Mengen organischen Abfalls, Glieder von Nahrungsketten und -netzen für Mensch und Tier, Räuber und Parasitoide von Schadinsekten, Erzeuger pharmazeutisch verwendbarer Natur- und Farbstoffe, Versuchstiere und Forschungsobjekte, sogar als Vorbilder für technische Entwicklungen. Als schädlich klassifiziert werden sie als Pflanzenfeinde, Krankheitsüberträger und -erreger, Parasiten, Lästlinge, Vorrats- und Materialschädlinge. Aus allem folgt eine lange gemeinsame Kulturgeschichte, denn der Mensch hat zu allen Zeiten diese mit dem Insekt einhergehenden Beziehungen verinnerlicht, sogar in vielen Fällen darauf reagieren müssen. Jetzt ist die Sorge um den Erhalt der Artenvielfalt und Individuenzahl hinzugekommen.

Insekten, und besonders auch der Totenkopfschwärmer, spielen seit Jahrtausenden eine große Rolle in Mythen, Sagen, Märchen, Fabeln und Sprichwörtern. Manche haben als literarische Vorbilder gedient. Es gibt eine unüberschaubare Fülle bildlicher Darstellungen von Insekten – bedeutende Maler und Bildhauer haben sich ihrer angenommen, sie kommen in Filmen vor und auch in der Gebrauchsgrafik, auf Andenken, Postkarten, Kinderspielzeug, als Namenspatrone oder Modeobjekte. Die Werbung hat Insekten entdeckt, auf Briefmarken und Münzen symbolisieren sie Zahlungsmittel. Komponisten regte die Vielfalt ihrer Lautäußerungen und Eigenschaften zu musikalischen Meisterwerken an. Nicht zuletzt haben den Insekten ihre mitunter riesigen Schwärme, ihre kilometerweiten Wanderungen, ihre Fruchtbarkeit und ihre bis in die Neuzeit rätselhafte Metamorphose einen Platz in den Religionen gesichert, für Auferstehung und Seelenwanderung dienen sie als Beispiel. Schon seit etwa 6 000 Jahren wird an vielen Stellen in der Bibel und in anderen Glaubensdokumenten von Insekten berichtet.

Geht es um eine einzelne Insektenart, wird sie meist in eine einzige der oben genannten Schubladen gesteckt. Dem entzieht sich der Totenkopfschwärmer, sieht man sich allein das Feuerwerk an Beispielen für seine außergewöhnlich vielseitige kulturelle Beziehung an. Es ist zweifellos eine Besonderheit, dass uns eine einzige Insektenart so viele der genannten Aspekte vor Augen führt.

Also, das Lesen lohnt sich. Eine spannungsgeladene Reise durch die Vielfalt einer kleinen Insektengruppe ist garantiert. Sehen Sie die Welt mit den Augen von *Acherontia atropos, Acherontia lachesis* und *Acherontia styx*!

Prof. Dr. Dr. h. c. Bernhard Klausnitzer

Inhaltsverzeichnis

Einleitung

Schmetterlinge (Lepidoptera) gehören zu den schönsten und am besten erforschten Lebewesen. Nach den Käfern (Coleoptera) bilden sie mit über 160 000 beschriebenen Arten die größte Ordnung der Insekten – und jährlich werden etwa 700 neue Arten entdeckt.

Mit Ausnahme der Antarktis sind die Lepidoptera weltweit verbreitet und kommen überall vor, wo die von ihren Raupen bevorzugten Futterpflanzen wachsen. Als wertvolle Bestäuber von Blütenpflanzen erfüllen die Schmetterlinge eine wichtige Rolle im Ökosystem und dienen selbst verschiedenen Insekten, zahlreichen Amphibien, Reptilien, Vögeln, Fledermäusen und weiteren Tiergruppen als Nahrungsquelle. Sowohl als Raupe wie auch als Imago sind die verschiedenen Arten der Schmetterlinge auf ganz bestimmte Biotope angewiesen. Wissenschaftlerinnen und Wissenschaftler sehen sie daher als wichtigen Indikator für eine intakte bzw. geschädigte Umwelt. Ohne Schmetterlinge würden viele Ökosysteme zusammenbrechen.

Auf der Erde stirbt, statistisch gesehen, alle drei Minuten eine Tierart aus, noch nie war das Tempo so rasant. Besonders in den artenreichen Regenwäldern der Tropen sind viele Spezies durch die Zerstörung des Lebensraumes und andere vom Menschen verursachte Einflüsse vom Aussterben bedroht oder bereits ausgestorben, darunter nicht wenige, die noch gar nicht entdeckt und beschrieben wurden. Unübersehbar ist das große globale Insektensterben. Besonders deutlich wird dieser Artenschwund bei den Schmetterlingen. Wo noch vor zwanzig Jahren eine artenreiche Vielfalt mit großer Individuenzahl flatterte, ist die Lepidopteren-Fauna heute längst nicht mehr so lebhaft und farbenfroh.

Der Totenkopfschwärmer ist eine besonders interessante Insektenart. Als Wanderfalter ist er nicht unmittelbar vom Aussterben bedroht und spielt auch keine wesentliche Rolle bei der Bestäubung von Pflanzen. Die globale Klimaerwärmung wird sich wahrscheinlich eher positiv als negativ auf diesen Falter auswirken, sein Verbreitungsgebiet wird sich möglicherweise weiter ausdehnen oder verschieben. Auf vielfältige Weise begegnet er uns in Geschichte und Mythologie, in Legenden und Aberglaube, in Literatur, Musik, Kunst und Mode. Popularität erreichte er durch Filme wie »Das Schweigen der Lämmer« und die »Mothra«-Reihe, in jüngerer Zeit durch Musikbands und als Tattoo-Motiv.

Das vorliegende Buch über den Totenkopfschwärmer bietet einen kleinen Einblick in die Welt dieser sagenumwobenen Falter. Trotz weitaus umfassenderer Kenntnisse über sie können hier nur die wesentlichen und vielleicht wichtigsten Besonderheiten dieser faszinierenden Insekten aufgeführt werden. Von der Anschaffung über die Haltung bis hin zur Zucht sind außerdem zusätzliche wissenswerte Informationen zusammenfassend dargestellt.

Unser Titelheld ist vielerorts noch immer mit einem eher negativen Image als Unglücks- oder Todesbote behaftet und gilt als unheimlich, obwohl dieses völlig harmlose Insekt bei näherer Betrachtung viel Erstaunliches bereithält.

Unheimlich ist dieser Schmetterling zweifellos – unheimlich interessant und unheimlich faszinierend.

Stephan Schorn
Münster, im Frühjahr 2023

Imagines des Totenkopfschwärmers, von links nach rechts: *Acherontia atropos*, *Acherontia lachesis* und *Acherontia styx*. Fotos: J. Haxaire

1 Entwicklungsgeschichte

1.1 Paläontologie

Die Entwicklungsgeschichte der Schmetterlinge (Lepidoptera) beginnt vor etwa 135 Millionen Jahren am Anfang der Kreidezeit (Mesozoikum) und gilt als eng verbunden mit dem Erscheinen der ersten Blütenpflanzen, mit denen sie alle Bereiche des Festlandes eroberten. Sie sind also vom Standpunkt der Entwicklungsgeschichte eine noch relativ junge Ordnung aus der Klasse der Kerbtiere oder Insekten (Insecta), die Tagfalter zählen zu den jüngsten.

Fossile Funde von Blütenpflanzen sind uns aus der Zeit gegen Ende des Mesozoikums erhalten geblieben (Grimaldi & Engel 2005; Whalley 2008). Im Vergleich zu anderen Insektengruppen sind von Schmetterlingen nur wenige Fossilien oder paläontologische Belege überliefert, aufgrund derer man das Alter dieser Ordnung annähernd genau schätzen könnte, sie stammen aus dem Zeitalter zu Beginn des Tertiärs. Diese fossilen Fundstücke lassen bereits auf einen großen Artenreichtum schließen und ähneln den rezenten Vertretern der Lepidoptera bereits sehr.

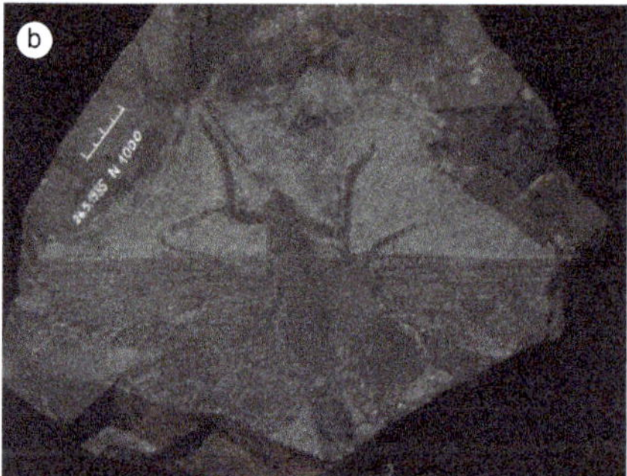

Abb. 1.1: Zu den ältesten und häufigsten fossilen Überlieferungen von Arthropoden zählen die marinen Trilobiten, die vom Kambrium bis Perm (vor ca. 521–251 Millionen Jahren) die Weltmeere bevölkerten (a). Fossiler Abdruck einer urzeitlichen Libelle aus dem Naturkundemuseum Münster (b). Fotos: S. Schorn

Die eigentliche phylogenetische Entwicklung der Schmetterlinge muss also schon Hunderte Millionen von Jahren früher stattgefunden haben, wahrscheinlich im Karbon oder zuvor. Während die nächsten Verwandten der Schmetterlinge, die Köcherfliegen (Trichoptera), noch beißend-kauende Mundwerkzeuge aufweisen, besitzen die Lepidoptera einen für die Nahrungsaufnahme über Blütenpflanzen speziell ausgebildeten Saugrüssel. Da paläontologische Belege und fossile Überlieferungen bislang kaum aussagekräftige Informationen liefern, ergab sich daraus die Annahme, dass die Schmetterlinge erst mit dem Auftreten der ersten Blütenpflanzen in Erscheinung traten (Sohn et al. 2002). Es gilt als bewiesen, dass die Formen- und Artenvielfalt der Schmetterlinge (und der Insekten gemeinhin) zu dieser Zeit explosionsartig anstieg. Wir wissen heute von verschiedenen Schmetterlingsarten, dass sie vormals und bis heute – aus Mangel an pflanzlichen Alternativen – an Nasenlöchern oder Augen schlafender Krokodile, größerer Säugetiere (wie Rind oder Mensch) oder Vögel die salzigen Sekrete bzw. Tränenflüssigkeit über ihren Saugrüssel aufnehmen, um den Mineralstoffhaushalt auszugleichen. In der Theorie mancher Autoren (z. B. Jäckel 2019) könnten sich die frühen Formen der Schmetterlinge bzw. der Nachtfalter bereits von den Exkrementen oder der Tränenflüssigkeit der Dinosaurier ernährt haben.

Da Köcherfliegen (Trichoptera) genau wie die Schmetterlinge im Larvenstadium Seide sezernieren oder bearbeiten und einige von ihnen (z. B. die afrikanische Art *Pseudoleptocerus chirindensis*) ähnlich beschuppte Flügel wie die Schmetterlinge aufweisen, werden beide Ordnungen auf einen gemeinsamen Vorfahren der Überordnung Amphiesmenoptera zurückgeführt. Auch genetische Untersuchungen (Grimaldi & Engel 2005) lassen auf eine nahe Verwandtschaft der Köcherfliegen zu den Schmetterlingen schließen.

Abb. 1.2: Die Larve der Köcherfliege (a: Präparat der Sammlung des Aqua-Zoos Löbbecke/Düsseldorf) schützt ihren empfindlichen Hinterleib in einer von ihr selbst angefertigten und hinten geschlossenen Röhre (»Köcher«). b: Köcherfliege als Imago. Fotos: a: S. Schorn, b: mit frdl. Genehmigung v. Fliegenfischer.de.

1.2 Fossile Funde

Die ältesten bekannten Fossilien, die den Schmetterlingen zugeordnet wurden, stammen aus dem Jura, wurden im sibirischen Sedimentgestein entdeckt und als *Eolepidopterix jurassica Rasnitsyn*, 1983 klassifiziert. Ein fossiler Schmetterling aus der Kreidezeit ist zum Beispiel *Undopterix sukatshevae*. Aus libanesischem Bernstein überliefert ist *Parasabatinca aftimacrai* als der älteste fossile Vertreter der Urmotten (Micropterigidae), die zu den ursprünglichsten noch lebenden Schmetterlingen zählen. Einige Tiere dieser Art blieben im Harz von Nadelbäumen kleben und wurden somit im Bernstein konserviert (Grimaldi & Engel 2005). Die Fossilien der Tagfalter bilden eine der jüngsten Gruppen der Schmetterlinge; ein fossiles Fundstück aus dem Miozän ist von der Art *Doritites bosniaskii* aus Italien überliefert. Aus den etwa 34 Millionen Jahre alten eozänen Sedimenten von Florissant (Colorado, USA) wurde *Prodryas persephone* beschrieben. Die wohl ältesten bekannten Tagfalter sind Fossilien aus dem Mittleren Eozän (Lutetium), sie werden als *Praepapilio gracilis* und *Praepapilio colorado* beschrieben (Sohn et al. 2002). Der Ursprung der Tagfalter wurde von Richard Vane-Wright auf nicht älter als 70 Millionen Jahre datiert (Vane-Wright 2004).

Abb. 1.3: Fossile Funde: Urzeitliche Motten in Baltischem Bernstein.
Fotos: J. Damzen (www.amberinclusions.eu).

2 Systematik der Schmetterlinge

Die Schmetterlinge sind weltweit mit über 160 000 beschriebenen Arten auf allen Kontinenten außer der Antarktis verbreitet. Im gesamten Europa sind sie mit über 10 600 Arten, in Mitteleuropa mit etwa 4 000 Arten vertreten. In Deutschland kommen etwa 3 700 Arten der Schmetterlinge vor.

Die größten und die kleinsten Schmetterlinge

- Die Körpergröße der Schmetterlinge variiert bei der Imago von 1,5–100 mm Kopf-Rumpf-Länge (ohne Antennen und Flügel).
- Größte Nachtfalter: Der Atlasspinner (*Attacus atlas*, siehe Kap. 12, Abb. 12.1) aus Südostasien erreicht eine Flügelspannweite von über 30 cm und trägt den Rekord als Falter mit der größten Flügelfläche von rund 400 cm^2. Der südamerikanische Eulenfalter (*Thysania agrippina*) kommt auf eine Flügelspannweite von 25–30 cm.
- Als der größte Tagfalter gilt mit einer Flügelspannweite von 20–28 cm der Königin-Alexandra-Vogelfalter (*Ornithoptera alexandrae*).
- Die kleinsten Falter gehören zu den Vertretern der Schopfstirnmotten (Tischeriidae), zu denen Arten mit einer Flügelspannweite von nur 1,5–2 mm zählen.

2.1 Systematik der Tag- und Nachtfalter

Die Systematik der Schmetterlinge kann hier nur ansatzweise dargestellt werden, da sie sehr unübersichtlich ist und es verschiedene Lehrmeinungen gibt.

Schmetterlinge werden innerhalb der Unterklasse der Fluginsekten (Pterygota) in die Überordnung der Neuflügler (Neoptera) gestellt, womit die Köcherfliegen (Trichoptera) innerhalb dieser Überordnung zu den nächsten Verwandten der Schmetterlinge gehören. Sie gelten als deren Schwestergruppe, die sich vermutlich im Mesozoikum von den Schmetterlingen abgespalten hat. Die Ordnung der Schmetterlinge wurde nach Rösel von Rosenhof (1749) noch als Tagvögel (für Tagfalter) und Nachtvögel (für Nachtfalter) benannt. Zwar unterscheidet man in Bezug auf die Lebensweise bzw. bevorzugte Aktivität der Imagines generell zwischen den »Tagfaltern« (Rhopalocera = keulige Antennen) und »Nachtfaltern« (Heterocera = verschiedenartige Antennen). Eine grundsätzliche Einteilung der Schmetterlinge in »Tagfalter« und »Nachtfalter« (Letztere werden oft schlichtweg als Motten bezeichnet) ist jedoch systematisch nicht festgelegt: Es gibt zahlreiche Übergänge und Übereinstimmungen dieser Gruppen, die eine deutliche Trennung nicht zulassen. So sind zum Beispiel unter den Familien der Nachtfalter zahlreiche Arten nur tagsüber unterwegs – unsere heimischen Hummelschwärmer *Hemaris fuciformis* beispielsweise fliegen nur bei Sonnenschein!

Abb. 2.1: Das Tagpfauenauge (*Inachis io*) gehört zu den (bis noch vor etwa 20 Jahren) häufig vorkommenden Tagfaltern Deutschlands und wurde 2009 zum Schmetterling des Jahres ernannt. Foto: M. Ehrnst.

Abb. 2.2: Die doppelt gefiederten Antennen zeichnen diesen Atlasspinner (*Attacus atlas*) als einen Vertreter der Nachtfalter aus. Foto: S. Schorn.

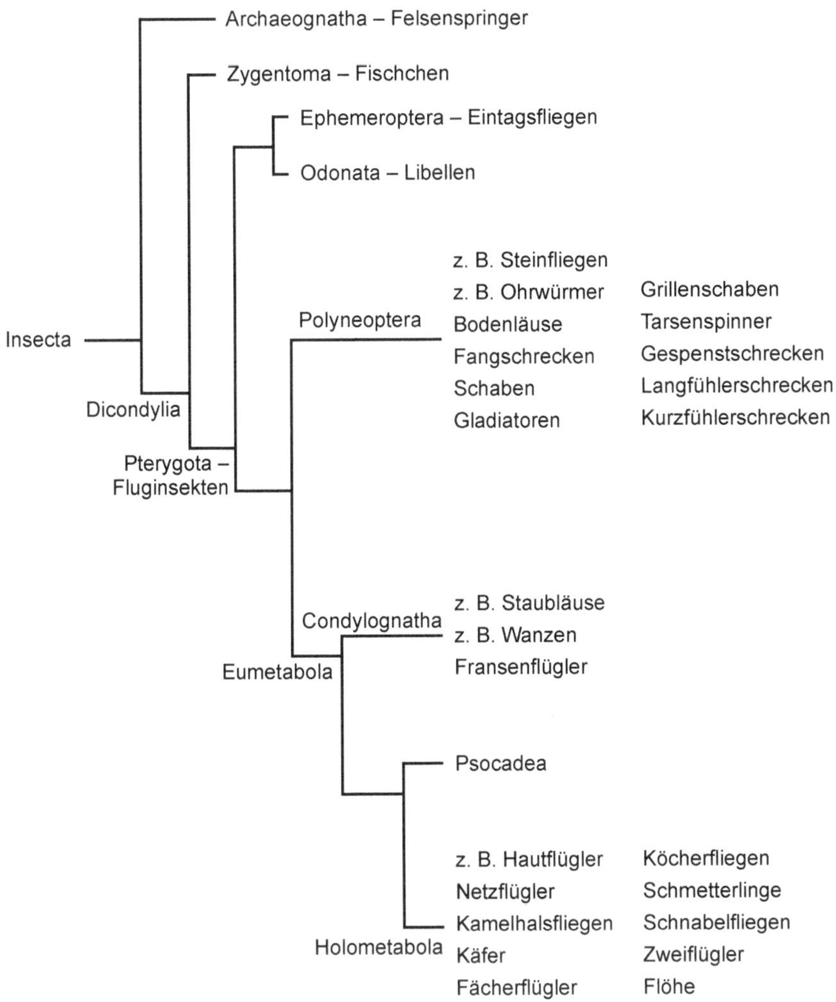

Abb. 2.3: Vereinfachtes Kladogramm der Verwandtschaftsverhältnisse der Schmetterlinge (Lepidoptera) innerhalb der Insekten (Insecta). Grafik: M. Hortig (nach: Grimaldi & Engel 2005).

Die Unterteilung in Tagfalter und Nachtfalter bzw. in Kleinschmetterlinge (Microlepidoptera, etwa 55 000 Arten in über 70 Familien) und Großschmetterlinge (Macrolepidoptera) hat keine wissenschaftliche Grundlage, sondern dient nur der Vereinfachung in der noch sehr uneinheitlich dargestellten klassischen Systematik der Schmetterlinge.

Die Schmetterlinge wurden traditionell in etwa 130 Familien mit 44 Überfamilien und 4 Unterordnungen (Zeugloptera, Aglossata, Heterobathmiina und Glossata) unterteilt. Nach anderen Lehrmeinungen (Grimaldi & Engel 2005) werden die Schmetterlinge nur in zwei Unterordnungen zusammengefasst: Zeugloptera, diese Unterordnung umfasst – genauso wie die Vertreter der Aglossata und Heterobathmiina – noch ursprüngliche Formen mit primitiven kauend-beißenden Mundwerkzeugen, und Glossata, die den Großteil der Schmetterlingsfamilie ausmacht und spezialisierte Mundwerkzeuge, den sogenannten Saugrüssel, für die Nahrungsaufnahme (Pflanzensäfte und Nektar) ausgebildet haben. Die Larven der Unterordnung Glossata tragen nur drei richtige (d. h. segmentierte) Beinpaare am Vorderleib, bei den sogenannten Bauchfüßen und den sogenannten Nachschiebern am Hinterleib handelt es sich lediglich um spezielle Hautausstülpungen.

Nach der neuen systematischen Klassifikation von Günter Ebert (2003) unterteilt sich die Ordnung der Schmetterlinge (Lepidoptera) in zwei Unterordnungen: in die urtümlichen **Kleinschmetterlinge** (Homoneura), zu denen die Wurzelbohrer (Hepialidae) und die Miniersackmotten (Incurvariidae) zählen, und die der **Höheren Schmetterlinge** (Heteroneura).

Die Heteroneura haben als Flügelverbindung ein Frenulum (Bändchen) oder einen »amplexiformen« (klammerartigen) Koppelungsmechanismus, die Homoneura bilden ein Jugum (Flügelfortsatz) oder ein Jugum-Frenulum aus und ihren Flügeln fehlen meist die Mittelzellen in der Äderung.

Die Heteroneura der Unterordnung Ditrysia werden in zwei Gruppen unterteilt: die Heterocera (hauptsächlich nachtaktive Arten, die ihre Flügel in der Ruhestellung dachförmig über dem Hinterleib geschlossen oder ganz geöffnet tragen), und die Rhopalocera, hauptsächlich tagaktive Arten mit verdickten Fühlerenden und einer »erweiterten« (amplexiformen) Flügelverbindung. Im Ruhezustand falten die Rhopalocera ihre Flügel fast immer vertikal auf dem Körper, die Ordnung umfasst 110 000 Arten, die sich auf 60 Familien verteilen (Leonardi 1979 und 1988).

Zu den wichtigen **Familien der Heteroneura** gehören unter anderem die Echten Motten (Tineidae), Gespinstmotten (Hyponomeutidae = Yponomeutidae), Glasflügler (Aegeriidae), Wickler (Tortricidae), Holzbohrer (Cossidae), Widderchen (Zygaenidae), Zünsler (Pyralidae), Federmotten (Pterophoridae), Spanner (Geometridae), Uraniafalter (Uraniidae), Zahnspinner (Notodontidae), Bärenspinner (Arctiidae), Trägspinner (Lymantriidae), Fleckenwidderchen (Amatidae = Syntomiidae), Eulenfalter (Noctuidae), Schwärmer (Sphingidae), Augenspinner (Saturniidae), Echte Spinner oder Seidenspinner (Bombycoidae), Dickkopffalter (Hesperiidae), Glucken (Lasiocampidae), Bläulinge (Lycaenidae), Ritterfalter (Papilionidae), Augenfalter (Satyridae), Fleckenfalter (Nymphalidae), Weißlinge (Pieridae).

2.2 Systematik der Totenkopfschwärmer

Überklasse:	Sechsfüßer (Hexapoda)
Klasse:	Insekten (Insecta)
Unterklasse:	Fluginsekten (Pterygota)
Überordnung:	Neuflügler (Neoptera)
Ordnung:	Schmetterlinge (Lepidoptera)
Unterordnung:	Glossata
[Superfamilie	Papilionoidea]
Überfamilie:	Spinnerartige (Bombycoidea)
Familie:	Schwärmer (Sphingidae)
Unterfamilie:	Sphinginae
Tribus:	Acherontiini
Gattung:	*Acherontia*
Art:	Totenkopfschwärmer Wissenschaftliche Artbezeichnung: *Acherontia atropos* (LINNAEUS, 1758) *Acherontia lachesis* (FABRICIUS, 1798) *Acherontia styx* (WESTWOOD, 1847)

Bei sämtlichen »Unterarten«, wie z. B. *Acherontia styx medusa* (MOORE, 1858) und *Acherontia styx crathis* (ROTHSCHILD & JORDAN, 1903), handelt es sich nach neueren Erkenntnissen um Synonyme oder Farbvariationen von *Acherontia styx.*

Abb. 2.4: *Acherontia atropos* (a), *Acherontia lachesis* (b) und *Acherontia styx* (c).
Fotos: a, c: S. SCHORN, b: G. PETRÁNY.

Carl von Linné beschrieb den Totenkopfschwärmer in der 10. Auflage seines grundlegenden Werkes »Systema Naturae« erstmals als *Sphinx atropos* (Linnaeus, 1758). Jakob Heinrich Laspeyres nahm die Art im Jahr 1809 heraus und fügte sie der von Ochsenheimer neu aufgestellten Gattung *Acherontia* bei, die bis heute anerkannt und mit vier anderen Gattungen in den Tribus Acherontiini gestellt worden ist (Laspeyres 1809).

Der Totenkopfschwärmer ist bis auf seinen nächsten Verwandten *Acherontia styx*, dessen Verbreitungsgebiet sich im Nahen Osten mit der von *A. atropos* überschneidet, kaum mit einem anderen Schmetterling oder Schwärmer zu verwechseln. Die dritte Art der Gattung ist *Acherontia lachesis.*

Während die Monophylie der Gattung *Acherontia* wissenschaftlich belegt ist, sind die weiteren Verwandtschaftsverhältnisse zwischen den Gattungen innerhalb der Tribus noch nicht vollends erforscht. Es gilt jedoch als sehr wahrscheinlich, dass die Gattung *Coelonia* am nächsten mit *Acherontia* verwandt ist und demnach die Schwestergruppe bildet.

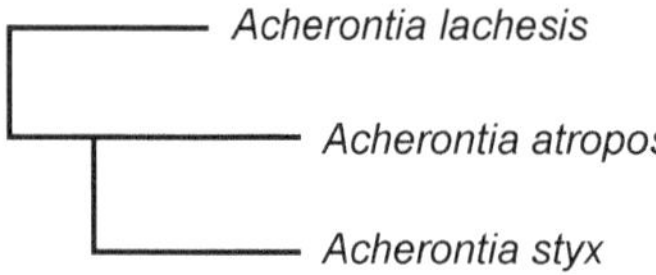

Abb. 2.5: Verwandtschaftsverhältnisse innerhalb der Gattung *Acherontia* (Laspeyres 1809). Grafik: S. Schorn.

Synonyme zu den *Acherontia*-Arten

Acherontia atropos	*Acherontia lachesis*	*Acherontia styx*
Sphinx atropos (Linnaeus, 1758)	*Sphinx lachesis* (Fabricius, 1798)	*Sphinx (Acherontia) styx* (Westwood, 1847)
Atropos solani (Oken, 1815)	*Acherontia morta* (Hübner, 1819)	*Sphinx styx* (Westwood, 1847)
Acherontia sculda (Kirby, 1877)	*Spectrum charon* (Billberg, 1820)	*Acherontia ariel* (Boisduval, 1875)
Acherontia charon (Closs, 1910)	*Acherontia satanas* (Boisduval, 1836)	*Acherontia styx interrupta* (Closs, 1911)
Acherontia confluens (Dannehl, 1925)	*Acherontia lethe* (Westwood, 1847)	*Acherontia styx obsoleta* (Schmidt, 1914)
Acherontia conjuncta (Tutt, 1904)	*Acherontia circe* (Moore, 1858)	*Acherontia styx medusa* (Moore, 1858)
Acherontia extensa (Tutt, 1904)	*Manduca lachesis atra* (Huwe, 1895)	*Acherontia styx medusa* (Butler, 1876)
Acherontia flavescens (Tutt, 1904)	*Acherontia sojejimae* (Matsumura, 1908)	*Acherontia styx crathis* (Rothschild & Jordan, 1903) = *Acherontia styx medusa* (Butler, 1876)
Acherontia imperfecta (Tutt, 1904)	*Acherontia lachesis radiata* (Niepelt, 1931)	*Acherontia styx pseudatropos* (Röber, 1933)
Acherontia intermedia (Tutt, 1904)	*Acherontia lachesis pallida* (Dupont, 1941)	*Acherontia styx septentrionalis-chinensis* (Pavlov, 1932) = *Acherontia styx medusa* (Butler, 1876)
Acherontia obsoleta (Tutt, 1904)	*Acherontia lachesis submarginalis* (Dupont, 1941)	
Acherontia suffusa (Tutt, 1904)	*Acherontia lachesis fuscupex* (Bryk, 1944)	
Acherontia variegata (Tutt, 1904)	*Acherontia lachesis diehli* (Eitschberger, 2003)	
Acherontia virgata (Tutt, 1904)		
Acherontia violacea (Lambillion, 1905)		
Acherontia diluta (Closs, 1911)		
Acherontia obscurata (Closs & Hannemann 1917)		
Acherontia myosotis (Schawerda, 1919)		
Acherontia moira (Dannehl, 1925)		
Acherontia pulverata (Cockayne, 1953)		
Acherontia radiata (Cockayne, 1953)		
Acherontia griseofasciata (Lempke, 1959)		

3 Etymologie und Mythologie der Totenkopfschwärmer

3.1 Etymologie der wissenschaftlichen Artnamen und volkstümlichen Trivialnamen

Der Totenkopfschwärmer wird seit jeher mit der Unterwelt, griechischen Sagengestalten und Göttern in Verbindung gebracht und gilt mancherorts noch heute als Unglücksbote.

Der Gattungsname *Acherontia* leitet sich von Acheron ab, einem der fünf Flüsse der Unterwelt aus der griechischen Mythologie, in den die Flüsse Styx, Kokytos, Phlegethon und Lethe einmünden. Acheron gilt – neben dem Styx – als Totenfluss, über den Charon die toten Seelen mit seiner Fähre in den Hades bringt.

Das Artepitheton »*atropos*« entstammt ebenfalls der griechischen Mythologie und bezieht sich auf die Schicksalsgöttin Atropos (griechisch: die Unabwendbare). Die älteste der drei Moiren galt als Zerstörerin, die die Art und Weise des Todes eines Menschen auswählt. Ihre Aufgabe war es, den Lebensfaden zu zerschneiden, der von ihrer Schwester Klotho gesponnen und von ihrer Schwester Lachesis bemessen worden war. Auch die wissenschaftlichen Namen der beiden weiteren Arten aus der Gattung *Acherontia* besitzen einen Bezug zur griechischen Unterwelt: *Acherontia lachesis* zur Schicksalsgöttin Lachesis, *Acherontia styx* zum Fluss Styx (»Wasser des Grauens«, Grenze zwischen der Welt der Lebenden und dem Totenreich).

Der wissenschaftliche Name für die Familie der Schwärmer, »Sphingidae«, bezieht sich auf die eigentümliche Droh- und Ruhestellung der meisten Schwärmerraupen. Dabei sind Kopf und Vorderkörper aufgerichtet, der verhältnismäßig kleine Kopf verbirgt sich aber mehr oder weniger unter dem großen Thorax. Da man in einer derartigen Körperhaltung eine gewisse Ähnlichkeit mit der ägyptischen Sphinx sehen wollte, bekam diese Schmetterlingsfamilie ihren diesbezüglichen Namen (Klots et al. 1969).

Seinen volkstümlichen Namen erhielt der Totenkopfschwärmer aufgrund seiner markanten Zeichnung, speziell des namengebenden »Totenkopfs« am Thorax, wo gelegentlich auch Andeutungen von gekreuzten Beinknochen erkennbar sind. Die Totenkopf- bzw. skelettierte Schädelzeichnung ähnelt dem typischen Motiv einer schwarzen Piratenflagge oder dem signalorangenen Gefahrenzeichen für »giftig«.

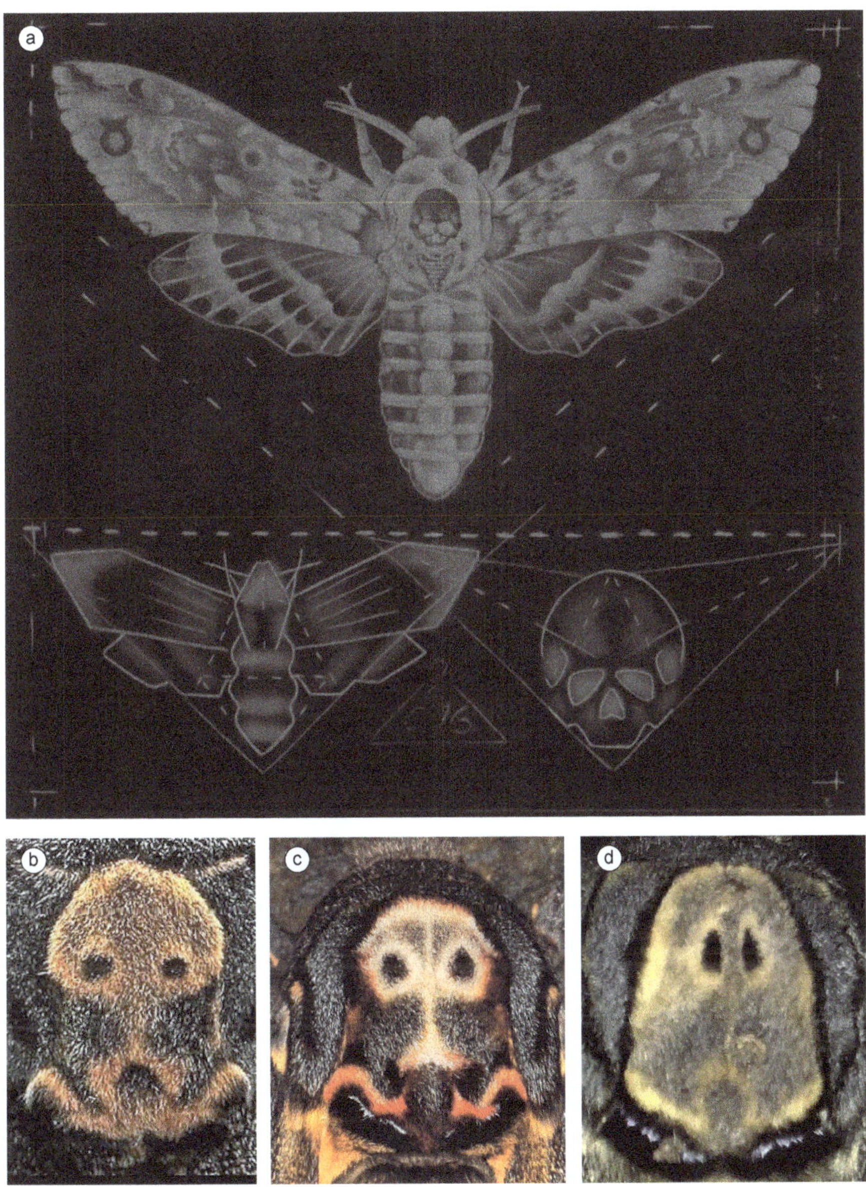

Abb. 3.1: Der Totenkopfschwärmer erhielt seinen Namen aufgrund der markanten totenkopfartigen Zeichnung auf dem Thorax, gelegentlich lassen sich gekreuzte Beinknochen erahnen. Schematische Zeichnung (a) im Vergleich mit realen Thoraxausschnitten von Faltern von *Acherontia atropos* (b), *A. lachesis* (c) und *A. styx* (d). Zeichnung und Fotos: a: H. Schmidt, b, d: S. Schorn, c: G. Petrány.

Der Totenkopfschwärmer war früher unter dem Namen »Totenvogel« bekannt und erhielt darunter 1719 seinen Eintrag in der »Breslauischen Kunst- und Naturgeschichte«. Im Verlauf der Zeitgeschichte und über regionale und internationale Grenzen hinweg wurden dem Totenkopfschwärmer weitere Trivialnamen gegeben. In der alten Literatur findet sich die Art u. a. als »Stechapfelschwärmer« aufgeführt. Die Raupen wurden mitunter nach ihrem Auftreten an der jeweiligen Nahrungspflanze benannt; so etwa im 18. Jahrhundert bei Rösel von Rosenhof, der sie als »Jasmin-Raupen« bezeichnete (Rösel von Rosenhof 1755). Auf alten Zeichnungen finden sich für *Acherontia atropos* gelegentlich auch die Bezeichnungen »Schreckensfalter« oder »Schreckenfalter«.

Im Jahr 1773 lautete die englische Bezeichnung des Totenkopfschwärmers (nach Wilkes 1773) noch »jasmine hawk moth«; 1775 benannte Moses Harris die Art aufgrund der braungelben Streifen des Hinterleibes als »tiger hawk moth« (er nannte sie 1766 auch »Bee Tiger«). Im Jahr 1778 wechselte die Namensbezeichnung abermals und der Totenkopfschwärmer wird im Englischen seitdem als »Death's-head hawk« oder »Death's-head hawkmoth« bezeichnet.

Abb. 3.2: Altertümliche Zeichnungen des Totenkopfschwärmers (aus Oken 1815, Taf. 7, und Rösel von Rosenhof 1755, T. 3, Tab. II.)

Abb. 3.3: Neben dem Totenkopfschwärmer tragen auch die Totenkopfschabe (*Blaberus craniifer*, a) und das Totenkopfäffchen (*Saimiri sciureus*, b) im deutschen Namen das Wort »Totenkopf«. Fotos: a: S. Schorn, b: T. Sagorsky.

Die nächstverwandte Art, *Acherontia styx*, taucht mitunter auch als Kleiner Totenkopfschwärmer oder als Östlicher Totenkopfschwärmer auf.

In Ägypten trägt der Totenkopfschwärmer merkwürdigerweise den Namen »Vater der Familie« – eine Deutung fällt hier schwer, möglicherweise ist diese Bezeichnung auf die missverstandene häufige Anwesenheit des Falters in Bienenstöcken zurückzuführen (Newman, L. H. 1965).

Der Schmetterling hat seinen Mythos bis in die moderne Zeit bewahrt, er findet sich als Zeichnung oder Abbildung auf verschiedenen Briefmarken, auf dem Cover unterschiedlicher Literaturveröffentlichungen (zumeist Romane aus dem Krimi-, Horror- oder Science-Fiction-Genre), Film- oder Musikproduktionen (v. a. in den Genres Metal, Gothic, EBM, Dark Ambient, z. B. von der Band Sigh, 1977, Titel: Hail Horror Hail. Näheres dazu siehe Kapitel 4.

Neben dem wissenschaftlichen und volkstümlichen Trivialnamen und der prägnanten Körperzeichnung haben auch die ungewöhnliche Verhaltens- und Ernährungsweise der nachtaktiven Falter dazu beigetragen, den Totenkopfschwärmer zu mystifizieren und Verbindungen zum Reich der Sagengestalten der Unterwelt zu schaffen. Aus mythologischer Sicht wurde und wird der imposante *Acherontia atropos* ebenso mit dunklen, diabolischen Mächten (sowie Dunkelheit bzw. Nacht an sich) in Verbindung gebracht wie im Bereich des Aberglaubens. Wenn sich solch ein »Totenvogel« (mitunter vom Licht angelockt) in ein Haus verirrte, befürchteten die Bewohner vielfach ein großes Unheil (Reinhardt & Harz 1996).

In weiten Teilen Südafrikas ist der Totenkopfschwärmer sehr gefürchtet, weil ihm nachgesagt wird, er könne mit einem Stachel tödliche Stiche verursachen (Skaife et al. 1981). Der sog. »Stachel« des in Wirklichkeit völlig harmlosen Falters entpuppte sich dabei als kurzer Saugrüssel, mit dem er zwecks Nahrungsaufnahme zwar Bienenwaben, aber keinesfalls die menschliche Haut durchstechen kann.

Abb. 3.4: *Acherontia atropos* auf einem Totenkopf und von Angesicht zu Angesicht. Fotos: S. Schorn.

Auch in der modernen Mythologie wurde der Totenkopfschwärmer als Symbol des Bösen stilisiert. Das aktuell populärste Beispiel bilden der Roman »Das Schweigen der Lämmer« (Originaltitel: »The Silence of the Lambs«, 1989) von Thomas Harris und der darauf basierende gleichnamige Film (USA 1991) mit Anthony Hopkins und Jodie Foster in den Hauptrollen. Der Totenkopfschwärmer ist hier nicht nur auf der Titelseite des Buches, den CD- und DVD-Covern und dem Filmplakat abgebildet, sondern tritt auch mehrmals während der Handlung in Erscheinung. So platziert der Serienmörder und *Acherontia-styx*-Pfleger »Buffalo Bill« die Puppe dieses Falters im Mund seiner Opfer.

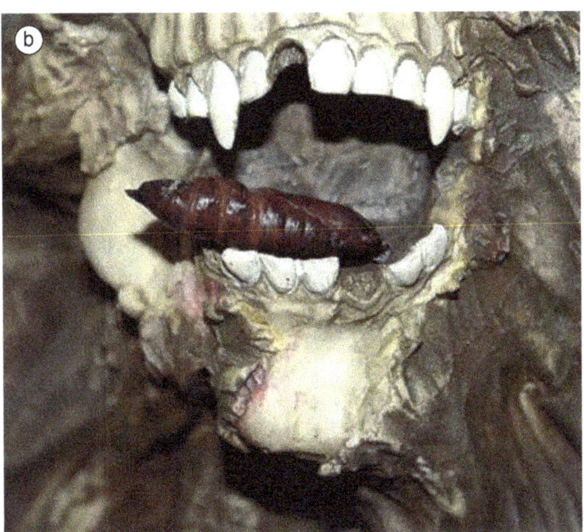

Abb. 3.5: Das Buch »Das Schweigen der Lämmer« von Thomas Harris (hier das Cover der deutschen Ausgabe, Wilhelm Heyne Verlag 1990) gilt als Klassiker in der Kriminalliteratur (a). Nachgestellte Szene einer Puppe des Falters im Mund eines Opfers (Puppenhülle von *Acherontia styx*, b) in Anlehnung an das Ritual des Serienmörders. Fotos: a: C. Fuhrmann, b: S. Schorn.

Fun Facts zum Film »Das Schweigen der Lämmer«

- Das surreale und ebenso markante wie populäre Bild auf dem Filmplakat hat folgende Hintergrundgeschichte:
  Im Original zeigt das Bild die Schwarzweißfotografie eines Frauengesichtes (Jodie Foster), die braunen Augen und der auf dem geschlossenen Mund aufgesetzte Totenkopfschwärmer mit ausgestreckten Flügeln sind nachträglich eingefügt worden. Der Totenkopf auf dem Thorax des Totenkopfschwärmers wurde ebenfalls per Fotomontage eingesetzt und ist bei genauem Hinsehen als ein Ausschnitt der fotografischen Gemeinschaftsarbeit »In Voluptas Mors« von Philippe Halsman und Salvador Dali zu erkennen, der zwei nackte Frauenkörper zeigt.
- Die im Film umherfliegenden Falter sind keine Totenkopfschwärmer (speziell *Acherontia styx*), wie das Filmplakat suggeriert, sondern Tabakschwärmer (*Manduca sexta*).
- Auch die im Film gezeigten Puppen sind die des Tabakschwärmers. Für die Nahaufnahmen der vermeintlichen Totenkopfschwärmer wurde dem Tabakschwärmer eine auf einen künstlichen Fingernagel aufgemalte Totenkopfzeichnung aufgeklebt.

3.2 Etymologie der Schmetterlinge

»Lepidoptera«, die wissenschaftliche Bezeichnung der Schmetterlinge, heißt in der deutschen Übersetzung »Schuppenflügler« und leitet sich von der beschuppten Körperoberfläche der Falter ab.

»Falter«, im Deutschen ein Synonym für Schmetterling, wird in der Regel aber nur in Wortzusammensetzungen (Tagfalter, Nachtfalter, Eulenfalter etc.) oder für das vollendete Entwicklungsstadium der Imago verwendet, daher ist »Falter« im Deutschen kein Gegensatz zu »Schmetterling«. Der Begriff »Falter« hat nichts mit dem Falten (der Flügel) und auch nichts mit der Fortbewegung des »Flatterns« zu tun, auch wenn dies oft irrtümlicherweise angenommen wird. Wahrscheinlich ist das germanische Wort (mittelhochdeutsch »vīvalter«, althochdeutsch »fifalt(a)ra«, altnordisch »fīfrildi») mit dem lateinischen »papilio« verwandt, woraus sich im Französischen »papillon« und im Italienischen »farfalla« ableiten.

Der englische Name »Death's-head hawk« oder »Death's-head hawkmoth« für den Totenkopfschwärmer bedeutet auf Deutsch »Totenkopf-Falke« bzw. »Totenkopf-Falkenmotte«. Das Wort »moth« bezeichnet im Englischen alles, was kein echter Tagfalter ist (also etwa 80–90 % aller Schmetterlingsarten) und entspricht im Gebrauch etwa unserem Begriff »Nachtfalter«.

Tabelle 3.1: Bezeichnung des Totenkopfschwärmers in Sprachen verschiedener Länder

England	death's-head hawkmoth
Estland	tontsuru
Finnland	pääkallokiitäjä
Frankreich	sphinx tête-de-mort
Italien	sfinge testa di morto
Japan	Zugaikotsu no fukurõ
Niederlande	doodshoofdpijlstaart, doodshoofdvlinder
Norwegen	dødningehodesvermer
Polen	zmierzchnica trupia główka
Russland	Мертвая Голова (Mertvaya Golova)
Schweden	Dödskalle-Svärmare
Spanien	esfinge de la muerte africana, cabeza de muerto, calavera
Tschechien	smrtihlav obecny, lišaj smrtihlav
Ungarn	halálfejes lepke

Acheron

... ist der Name von mindestens 7 Fließgewässern, davon 2 in Griechenland, 2 in Australien, 2 in Neuseeland.

... ist auch der Name von Schiffen, zum Beispiel von 8 Kriegsschiffen der französischen Marine und 8 Kriegsschiffen der Royal Navy.

... ist eine afrikanische Sprache.

... heißt ein griechisches Restaurant in Dresden.

... heißt eine US-amerikanische Death/Black Metal Band.

... war der ursprüngliche Name der ehemaligen Death Metal Band Abramelin.

... nennt sich ein Buchverlag in Leipzig.

Die britische entomologische Zeitschrift »Atropos« hat ihren Namen vom Totenkopfschwärmer *Acherontia atropos* übernommen.

3.3 Totenkopfschwärmer in der Mythologie

Die Artnamen »atropos« und »lachesis« wurden, wie beschrieben, aus der griechischen Mythologie abgeleitet. Die drei Töchter des Gottes Zeus, Klotho (die »Hervorbringerin«), Lachesis (die »Zuteilerin«) und Atropos (die »Unabwendbare«) sind die Schicksalsgöttinnen, die unseren Lebensfaden spinnen, uns den Anteil am Leben zuteilen, ihn halten und ihn abschneiden. Diese drei Moiren treten auch bei anderen Tier- und Pflanzenarten in der wissenschaftlichen Bezeichnung auf, beispielsweise gibt es sie bei den Schmetterlingen (*Sphinx clotho* [Drury, 1773], Synonym von *Theretra clotho* [Sphingidae]), den Reptilien (beim Buschmeister [*Lachesis muta*], einer südamerikanischen Giftschlange) und unter den Pflanzen bei der Tollkirsche (*Atropa belladonna*) mit ihrem giftigen Wirkstoff Atropin. Dieser Wirkstoff kommt auch im Stechapfel (*Datura stramonium*) und im Bilsenkraut (*Hyoscyamus niger*) vor – alle drei Arten wurden früher als Hexen- und Zauberpflanzen bezeichnet und zusammen mit anderen Kräutern als sogenannte »Flugsalbe« auf so manchen (Hexen-)Besenstiel aufgetragen.

3.3.1 Mythologische Bedeutung der Schmetterlinge im Allgemeinen

- In der griechischen und römischen Mythologie wurde die Seele oft mit Schmetterlingsflügeln abgebildet. Im antiken Griechenland war das Wort für Schmetterling ψυχή = Psyche, da die Falter als Seele der Toten angesehen wurden, die Puppe wurde νεκύδαλλο genannt, was »Hülle der Toten« bedeutet: »Vom Tod erlöst, kann die Seele sich von ihrer Hülle entfernen und sich frei in die Höhe erheben.«

- In der Antike galt der Schmetterling durch das Verpuppen und Schlüpfen aus dem anscheinend leblosen Kokon nach wochenlanger äußerer Ruhe als Sinnbild der Wiedergeburt und Unsterblichkeit. In der christlichen Kunst ist er noch heute das Symbol der Auferstehung.
- In vielen asiatischen Regionen werden Schmetterlinge als Symbol des Neubeginns, oft aber auch als Unglücksbringer und Todesboten angesehen.
- In Mittelamerika werden der Schmetterling und seine Metamorphose von vielen Völkern in Mythen reflektiert. Die verschiedenen Arten der Schmetterlinge wurden entsprechend Göttinnen, dem Feuer oder dem Todesboten gleichgesetzt. Besonders dunkel oder schwarzgefärbte Falter galten (und gelten noch heute) als Boten des Todes.

3.3.2 Totenkopfschwärmer – Aberglaube und Kryptozoologie

- Nach Rösel von Rosenhof (1755) ist schon in der »Breslauischen Kunst- und Naturgeschichte« aus dem Jahr 1719 zu lesen, wie in Gotha, im Zimmer des Ratsherren Weitzen, sich so ein »Totenvogel« eingefunden und den Tod des Bürgermeisters Wallichs vorgedeutet habe, in dem er sitzend die Form einer Totenbahre eingenommen hatte.
- Auf den wahrscheinlich uralten Aberglauben um den Totenkopfschwärmer ging auch Carl von Linné ein, als er den Artnamen »atropos« aus der griechischen Mythologie übernahm.
- Goeze (1780) zitiert aus dem Reisebericht eines französischen Offiziers, dass in Mittelfrankreich der Aberglaube verbreitet war, dass der Staub seiner Flügel (gemeint sind hier wahrscheinlich die Schuppen der Flügel oder losgelöste Härchen des Falters) zu einer Erblindung führen würde, wenn das Tier diese beim Umherfliegen in einem Zimmer verliere. Daher bezeichnet man den Falter auch als »aie« (= »Au!, Oh weh!«).
- Der Totenkopfschwärmer trat in Frankreich vor der Revolution von 1789 häufig auf, das Erscheinen des Falters galt dort als böses Omen. Ähnlich wie die Rufe des Steinkauzes im Aberglauben den baldigen Tod vorhersagen, erschreckt noch so mancher durch die Beleuchtung angelockte und in die Zimmer eingedrungene Schwärmer die Patienten in Krankenhäusern.
- In England wurde der an einer geheimnisvollen Geisteskrankheit leidende König George III im Jahr 1801 gleich von zwei »Totenvögeln« heimgesucht.

- Ein englischer Artikel von 1883 berichtete, dass am 4. September eines dieser Insekten in ein Haus nahe der Brunswick Brewery in Leeds geflogen war, in dem sich ein krankes Kind befand. Die Mutter, bestürzt, weil sie es für ein böses Omen hielt, war lange Zeit nicht zu beruhigen. Das Insekt wurde gefangen und zu Wardman's, den Vogelpräparatoren, gebracht. (Grassmann 1884)
- Der Autor und Fotograf Des Bartlett beschreibt in der Zeitschrift »Animals Magazine« vom 30. Juli 1963, dass es in Kenia für die Natives-Gruppe der Kikuyu ein großer Schock und böses Omen sei, wenn ein Totenkopfschwärmer (der als »Superqueen«, große Bienenkönigin, betrachtet wird) erscheint; die Nachtfalter gelten zudem als tief verwurzelt mit dem Hexentum. Die Geräuscherzeugung (das »squeaking«) eines Totenkopfschwärmers führe direkt ins Ohr der Hexen. (Bartlett 1963).
- Im streng katholischen Polen glaubte man, im »Schreien« des Totenkopffalters die Stimmen von Verzweifelten und jammerndes Klagen schmerzerfüllter Kinder gehört zu haben.
- L. H. Newman (1965) zitiert einen nicht namentlich genannten Naturforscher, dem ein *Acherontia atropos* im Zuchtkasten in der dunklen Ecke eines Raumes wie ein mittelalterlicher Mönch mit Kapuze und grinsendem Totenschädel erschienen sei.

Abb. 3.6: In der Etymologie und Mythologie sind Totenkopfschwärmer seit jeher mit dunklen Mächten in Verbindung gebracht worden. Gern wird mit dem Mythos gespielt: Totenkopfschwärmer auf einem Glas (a) und L4-Raupe von *Acherontia atropos* auf einem Kunstschädel (b). Fotos: a: unbekannt, b: S. Schorn.

- Selbst in einem Kloster erschien der Schmetterling und versetzte dort alle Nonnen eines Schlafzimmers in großen Schrecken. Der Naturforscher René Antoine Ferchault de Réaumur berichtete, wie im 18. Jahrhundert solch ein »Totenvogel« gleich mehrere Nonnen in die Ohnmacht getrieben habe. Als der Falter dann noch eine Kerze auslöschte und mysteriös zu »kreischen« begann, soll eine Panik ausgebrochen sein (Reinhardt & Harz 1996).
- Der bekannte Kryptozoologe und Autor Dr. Karl Shuker schrieb am 26. Juli 2012 in einem Artikel unter der Überschrift »At The Sign Of The Deathshead« über die Etymologie des Totenkopfschwärmers: »*Acherontia atropos* [...] sieht alles andere als gewöhnlich aus. Ein seltener Einwanderer nach Großbritannien mit einer Flügelspannweite, die 5,5 Zoll überschreiten kann, und einem Gewicht, das meist knapp unter 0,1 Unzen liegt, ist unbestritten die größte Nachtfalterart Großbritanniens. Seine pflaumenfarbenen, wellenförmig gezeichneten Vorderflügel und goldgelben Hinterflügel, ganz zu schweigen von den breiten dunkelbraunen und hellgelben Körperstreifen, machen ihn außerdem zu einem der attraktivsten Nachtfalter des Landes. Alle diese Merkmale werden jedoch durch ein einziges, dafür sehr einzigartiges, zusätzliches Merkmal überdeckt – eines, das diese Spezies augenblicklich identifiziert und von allen anderen in Großbritannien unterscheidet, das ein nahezu unzerstörbares Netz von Folklore und Angst um sich gewebt hat und womit es seinen extrem unheimlich klingenden englischen Namen verdient. Dieses Merkmal ist eine merkwürdige Markierung auf dem oberen Brustsegment, das durch eine groteske Laune der Natur ein überraschend realistisches Bild eines menschlichen Schädels bildet, geisterhaft weiß mit schwarzen, leeren Augenhöhlen. Dieses makabre Bild verstärken die aufrichtbaren Brusthaare, die es tragen, so dass, wenn diese bei ruhendem Maul auf und ab bewegt werden, der Schädel nichts weniger als das Symbol des Todes selbst zu sein scheint und *A. atropos* daher gemeinhin mit seinem vollen Namen Totenkopfschwärmer anstatt einfach als Motte bezeichnet wird. [...] Wie man sich vorstellen kann, ist dieses völlig unschuldige Insekt durch seine unheimliche Schädelzeichnung mit einem furchteinflößenden, aber völlig unverdienten Ruf als Vorbote des Todes, des Untergangs und des Desasters belastet und hat eine weitreichende, wenn auch lächerliche Vielfalt fantasievoller ländlicher Überzeugungen und Altweibergeschichten hervorgebracht. Wurden die Schwärmer beispielsweise in einer bestimmten Region unmittelbar vor dem Ausbruch einer Epidemie beobachtet, galten sie automatisch als Botschafter der bevorstehenden Seuche.« Shuker benennt den bereits erwähnten Aberglauben im Zusammenhang mit der Französischen Revolution, den angeblich zur Erblindung führenden Flügelstaubpartikeln und der Hexerei. Er führt weiter aus: »Wenn diese Geschichten mit dem Humor und der Zurückweisung behandelt würden, die die einfallsreichen, aber grundlosen Behaup-

tungen verdienen, wären sie nichts weiter als faszinierende, aber harmlose Ergänzungen der modernen Folklore. Tragischerweise wurden sie jedoch für sehr lange Zeit von den Gläubigen und Einheimischen so sehr als Wahrheit akzeptiert, dass diese prächtige Motte einer umfassenden barbarischen Verfolgung ausgesetzt wurde […].«

Die Legende des Mothman

Eine düstere Legende und modernes Fabelwesen ist der sogenannte »Mothman« (deutsch: Mottenmann), dessen Erscheinen – ähnlich wie beim Totenkopfschwärmer – Unheil ankündigen soll. Von Augenzeugen wird eine mehr als 2 Meter große menschenähnliche Gestalt mit dunkler Hautfarbe und Flügeln (von über 3 m Spannweite) wie bei einem Engel beschrieben. Besonders auffallend seien die leuchtend roten und hypnotisch wirkenden runden Augen gewesen, vergleichbar mit einem riesigen Nachtfalter.

Die erste Erscheinung des Mothman gab es in der US-amerikanischen Kleinstadt Point Pleasant (West Virginia) im Jahr 1966. In der Folge entwickelte sich in dieser Gegend eine regelrechte Hysterie mit Berichten von weiteren furchteinflößenden Sichtungen, deren Höhepunkt im Zusammenhang mit dem Einsturz einer Brücke stand, bei dem 46 Menschen starben. Danach wurde von zahllosen weiteren Sichtungen (weltweit, aber vornehmlich in den USA) berichtet. Der Mothman ist angeblich in Tschernobyl und an vielen weiteren Orten, an denen es seither zu Unglücksfällen kam, gesichtet worden. In der Presse wurde auch auf die Vorbildwirkung des Comic-Helden Batman und seines kriminellen Gegenspielers Killer-Moth verwiesen.

Die düstere Legende des Mothman halten Zeitungsartikel, Internetbeiträge und Buchveröffentlichungen bis in die Gegenwart am Leben. Das bekannteste Beispiel ist das 1975 erschienene und mehrfach neu aufgelegte Buch »The Mothman Prophecies« (deutscher Titel: »Die Mothman Prophezeiungen« bzw. »Tödliche Visionen«) des US-amerikanischen Ufologen John A. Keel, auf dessen Grundlage der gleichnamige Hollywood-Film aus dem Jahr 2002 mit Richard Gere in der Hauptrolle entstand. Der Film belebte den Mythos und es wurden zahlreiche Mothman-Sichtungen in allen Gegenden der USA beschrieben.

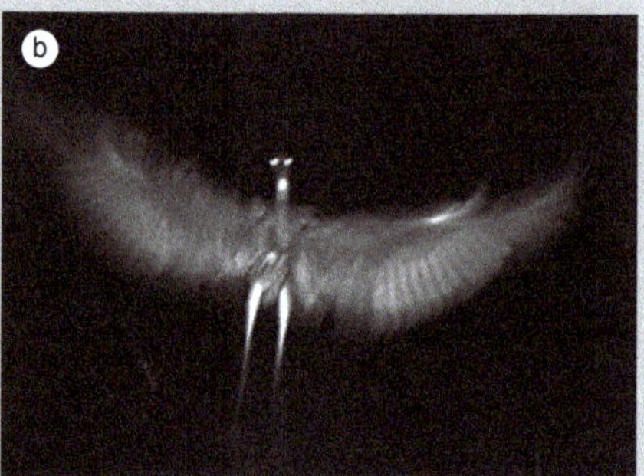

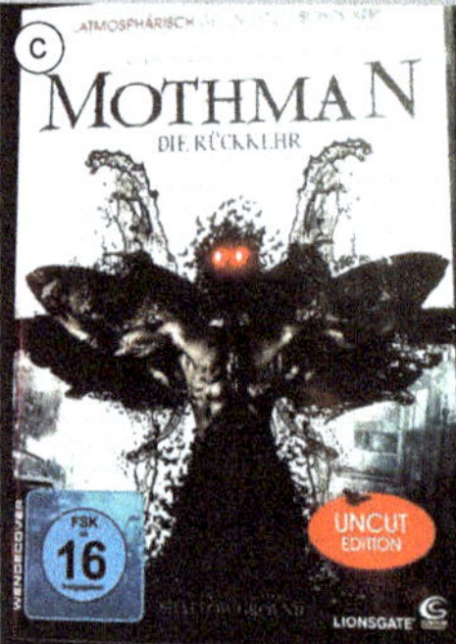

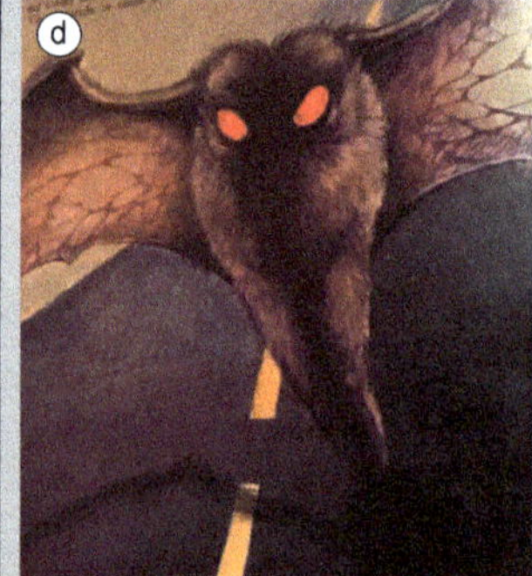

Abb. 3.7: Nach manchen Vermutungen wird der Kanadakranich (*Grus canadensis;* a) als Ursprung um die Legende des Mothman angesehen, wohl durch eine Aufnahme eines aufrechtstehenden Vogels mit leuchtenden Augen bei Nacht (b). Vielfältig sind die Darstellungen des Mothman, hier Beispiele für ein DVD-Cover, eine Zeichnung und einen Anstecker. Foto a: T. SAGORSKI, b: unbekannt, c, d, e: S. SCHORN.

Dort, wo die Legende des Mothman ihren Anfang nahm, findet im September jährlich das dreitägige Mothman Festival statt, das jedes Jahr Tausende Menschen in die Kleinstadt Point Pleasant lockt, die lokale Wirtschaft fördert und vorübergehend für einen wirtschaftlichen Aufschwung sorgt. Ein Spaß für die ganze Familie. Die dankbaren Einwohner haben dem Mothman zudem ein Denkmal gewidmet, das in der Ortsmitte im Gunn Park steht. Außerdem gibt es dort ein kommerzielles Mothman Museum mit angeschlossenem Devotionalienhandel.

4 Kunst und Kultur: Motten als Hauptdarsteller

4.1 Totenkopfschwärmer in der Literatur

Eine der wohl frühesten bekannten Geschichten über den Totenkopfschwärmer als expliziten Todesboten wurde im Jahre 1744 unter folgendem abenteuerlichen Titel veröffentlicht: »Eigentliche Abbildung und glaubwürdige Nachricht von einem sehr abenteuerlichen Vogel, welcher sich in der Hoch-Fürstl. Sächsischen Residenzstadt Gotha antreffen lassen, und daselbst in der Hochfürst. Kunstkammer in Spiritu Vini aufbehalten wird. Der curieöser Betrachtung mitgetheilet.« Der Überlieferung nach erschrak sich der ehemalige Bürgermeister von Gotha 1719 offenbar wirklich zu Tode, nachdem er einen Totenkopfschwärmer gesehen hatte. Die eigentliche Abbildung zeigt im Umriss eine kafkaeske Matroschka mit Flügeln, ähnlich einer Weihnachtsengelfigur, und eine an einen geschnitzten Halloween-Kürbis erinnernde Thoraxzeichnung. Die Streifen- und Zickzackzeichnung auf dem Körper dieses »Totenvogels« und der sonderbare Schwanz boten zwar keine hilfreichen Bestimmungsmerkmale, aber auf dem Hinterleib war ein großes weißes Kreuz (ähnlich wie auf einem Sargdeckel) abgebildet und als vermeintliches Zeichen des Bösen stand dieses Kreuz aus christlicher Sicht auf dem Kopf. Ob der »Totenvogel als gehörnter Engel des Bösen« auch die vorherige Traumerscheinung (»schwarzer Vogel, der das Kerzenlicht erlosch«) des Verstorbenen war, ist nicht überliefert.

Weitere Erwähnungen in der Literatur:

- Der deutsche Naturforscher Lucas Schroeck zeichnete und beschrieb den Falter im Jahre 1688, ohne dabei die Totenkopfzeichnung zu erwähnen (Schroeck 1688).
- Bereits in seiner 1755 veröffentlichten »Insecten-Belustigung« schrieb der deutsche Naturforscher August Johann Rösel von Rosenhof gegen die Totenkopfschwärmer-Mystik an (Rösel von Rosenhof 1755).
- Jean Paul, Honoré de Balzac, Virginia Woolf, Franz Werfel, H. G. Wells, Gerhart Hauptmann und Guido Gozzano sind nur einige der Schriftsteller, die den Totenkopfschwärmer in ihren Werken erscheinen lassen.

- Gottfried Benn beschreibt den Totenkopfschwärmer in seinem 1920 erschienenen Gedicht »O, Nacht«:

  »... Nur tückisch durch das Ding-Gewerde

  Taumelt der Schädel Flederwisch ...«

- John Keats, der eine Folge von sechs Oden verfasste und im Alter von nur 25 Jahren verstarb, erwähnte den Totenkopfschwärmer in der »Ode to Melancholy« (1819).
- Charles Darwin schrieb seinem Cousin W. D. Fox an Weihnachten 1828: »Du kannst dir nicht vorstellen, wie sehr sich mein Vater über seine Totenköpfe gefreut hat. Er sagt, er hätte sich kein besseres Geschenk einfallen lassen können, selbst wenn er eine Woche überlegt hätte. [...] Ihr Anblick war ihm ein Zauber.« (Müller 2020)
- Der Totenkopfschwärmer findet sich auch im Buch »The Return of the Native« (1878) von Thomas Hardy.
- Im Kinderbuch »Ciondolino« des italienischen Autors Luigi Bertellis (1895, 1920 unter dem deutschen Titel »Max Butziwackel, der Ameisenkaiser« veröffentlicht) hilft der in eine Ameise verwandelte Max einem Bienenschwarm dabei, den Angriff eines Totenkopfschwärmers auf das Bienennest abzuwehren.
- Der schwedische Schriftsteller August Strindberg überlegte in seinem Essay »Der Totenkopfschwärmer. Versuch in rationalem Mystizismus« (1896), ob der Falter aufgrund von Assoziationen (Totenkopfzeichnung, Moschusgeruch, »Begräbniszeremonien« verpuppungsbereiter Raupen und »Grabgesang« des Falters) nicht tatsächlich von Leichengeruch angelockt würde und die Raupen an Kadavern fraßen. Er fantasierte weiterhin, dass sich der heimische Ligusterschwärmer im Futter vertan und versehentlich düstere psychoaktive Substanzen zu sich genommen haben könnte, wonach dann die Art des Totenkopfschwärmers entstanden sei.
- Im Roman »Dracula« (1897) von Bram Stoker sendet Graf Dracula einen Totenkopfschwärmer zu Renfield, dem verwirrten Insassen einer psychiatrischen Anstalt, der den Verrat an seinem Meister daraufhin mit dem Tode bezahlt. Zitat aus dem Roman: »Van Helsing nickte ihm zu und flüsterte mir ins Ohr: ›Acherontia atropos – wir nennen ihn den Totenkopfschwärmer.‹«
- Der Schmetterlingsforscher und Schriftsteller Vladimir Nabokov schrieb zum einen selbst über den Totenkopfschwärmer, zum anderen kommentierte er die Schauergeschichte »The Sphinx« seines Kollegen Edgar Allan Poe wie folgt: »Er hat nicht nur den Totenkopfschwärmer nicht bildhaft dargestellt, sondern hatte auch die völlig falsche Vorstellung, dass er in Amerika vorkommt.« (Müller 2020). Vermutlich hatte Poe seinen literarischen Protagonisten nie selbst zu Gesicht bekommen.

- Das vermutlich populärste Beispiel zum Totenkopfschwärmer in der Literatur ist der Kriminalroman »Das Schweigen der Lämmer« (1988) von Thomas Harris (siehe Kap. 3.1).
- In José Saramagos Roman »As intermitências da morte« (2005, deutsch: »Eine Zeit ohne Tod«, 2007) taucht der Totenkopfschwärmer ebenso auf wie in den Romanen von Susan Hill.
- In der Zeitung »taz« führte Andrew Müller am 19.1.2020 in einem Artikel über Nachtfalter in Kultur und Wissenschaft mit dem Titel »Todesbote des Klimawandels« aus, dass die britische Zeitung »The Guardian« kürzlich berichtet hätte, dass der Totenkopfschwärmer im heißen Sommer 2019 relativ oft anzutreffen gewesen wäre. Er stellte die Vermutung auf, dass es bald vielleicht gar nicht so irrational werden könnte, »seine übers Mittelmeer wehende Erscheinung als Todesbotschaft zu verstehen.« (Müller 2020)

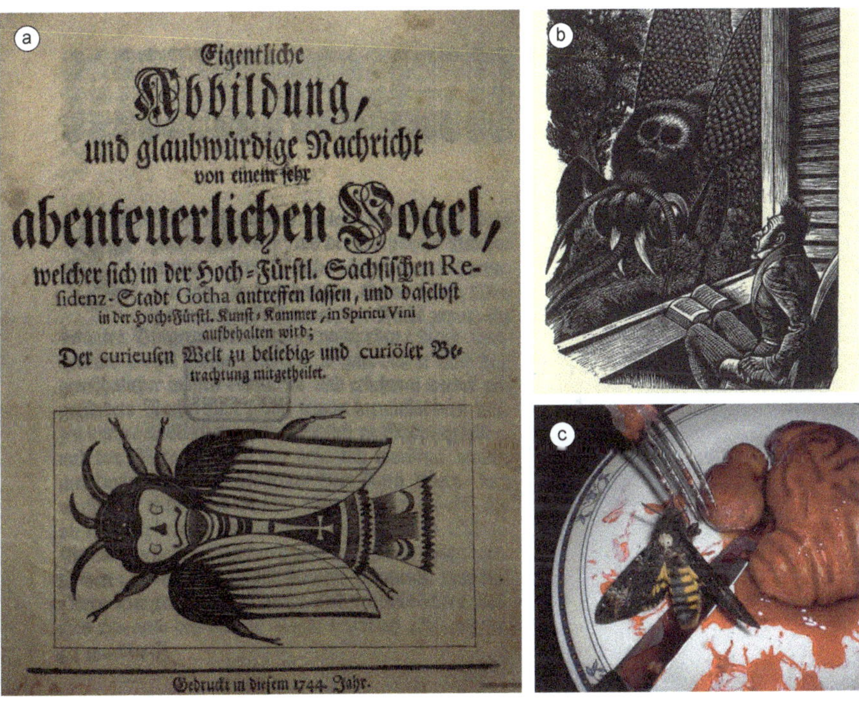

Abb. 4.1: Der Totenkopfschwärmer regte die Fantasie vieler Literaten und Illustratoren an: Titelblatt von »Eigentliche Abbildung und glaubwürdige Nachricht von einem sehr abenteuerlichen Vogel …«, 1744 (a), Illustration von Fritz Eichenberg in der 1944 bei Random House erschienen Buchausgabe »Tales of Edgar Allan Poe« (b) und *A.-atropos*-Falter in blutigem Ambiente (c). Fotos: a: Bayerische Staatsbibliothek München, b, c: S. Schorn.

4.2 Totenkopfschwärmer in der Musikkultur

In der Musikbranche, vorwiegend in den Szenen Metal, Gothic, EBM und Dark Ambient, ist der Totenkopfschwärmer als Bandname und für Plattencover populär. Daneben kommen die Falter bei zahlreichen Bands in Songtiteln oder Songtexten vor, ebenso auf diversen Merchandise-Artikeln. Als ein Beispiel von vielen sei die Band Machine Head genannt, zu deren Album »Catharsis« (2018) T-Shirts mit der Abbildung eines Totenkopfschwärmers vermarktet wurden. Totenkopfschwärmer tauchen außerdem in einigen Musikvideos auf, z. B. von der Band Massive Attack. Ein beliebtes Motiv sind Totenkopfschwärmer im Mainstreambereich auch auf Taschen, Aufklebern, Tassen oder Longsleeves, häufig als Logo oder stilisiert, als Silhouette oder abgewandelt mit meist übergroßem Totenkopf.

- Acherontia nennt sich eine Dark Ambient/Noise Metal Band aus Barcelona (Spanien), Acherontia Styx heißen eine italienische und eine englische Band. Die griechische Band Acherontia atropos bildet einen Totenkopfschwärmer auf dem CD-Cover von »Flights of the Moth« und auf T-Shirts ab.
- Auch die Bands ExtinctExist aus dem australischen Melbourne (CD »Demo MMXIII«, 2013) und die US-amerikanische Thrash Metal Band Death Angel aus der San Francisco Bay Area (CD »The Evil Divide«, 2016) verwenden Abbildungen eines Totenkopfschwärmers für ihre CD-Cover oder CD-Booklets, ebenso die Bands Amorphis, Moonspell, The Afghan Wings und Tiamat.

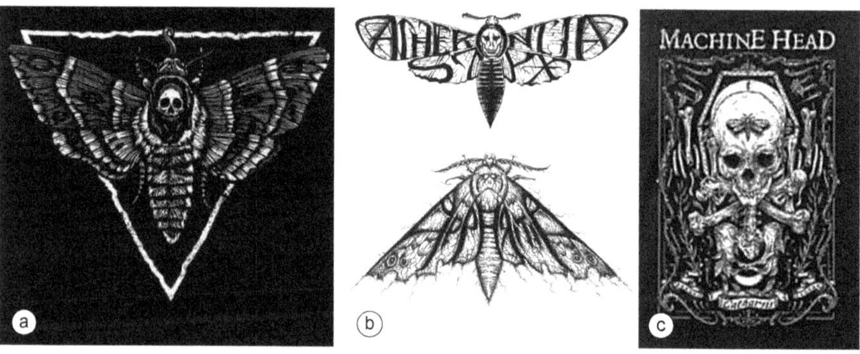

Abb. 4.2: Coverbild der griechischen Band Obzerv (a). Logo der Band Acherontia Styx (b). Auf dem T-Shirt der Katharsis-Tour der Band Machine Head ist ein stilisierter Totenkopfschwärmer abgebildet. Fotos: a: Foto & Artwork by Vision Black, b: Acherontia Styx, c: Y. Hase.

4.3 Totenkopfschwärmer in der Kunst und im Alltag

Unter den Insekten zählen Schmetterlinge allgemein zu den am häufigsten verwendeten Motiven in der Kunst, was wohl mit den zahlreichen Metaphern und mythologischen Zusammenhängen, nicht zuletzt aber auch mit der enormen Farb- und Formenvielfalt dieser Geschöpfe zu erklären ist. Nicht nur auf Gemälden, Graffiti, Zeichnungen, in der Grabkunst oder auf anderen Werken finden sich Schmetterlingsabbilder. Selbst für Tattoos sind sie beliebt, wobei der Totenkopfschwärmer (von stilisiert über Fantasy Art bis naturgetreu wiedergegeben) von allen Schmetterlingsarten wohl am häufigsten unter die Haut gebracht wird.

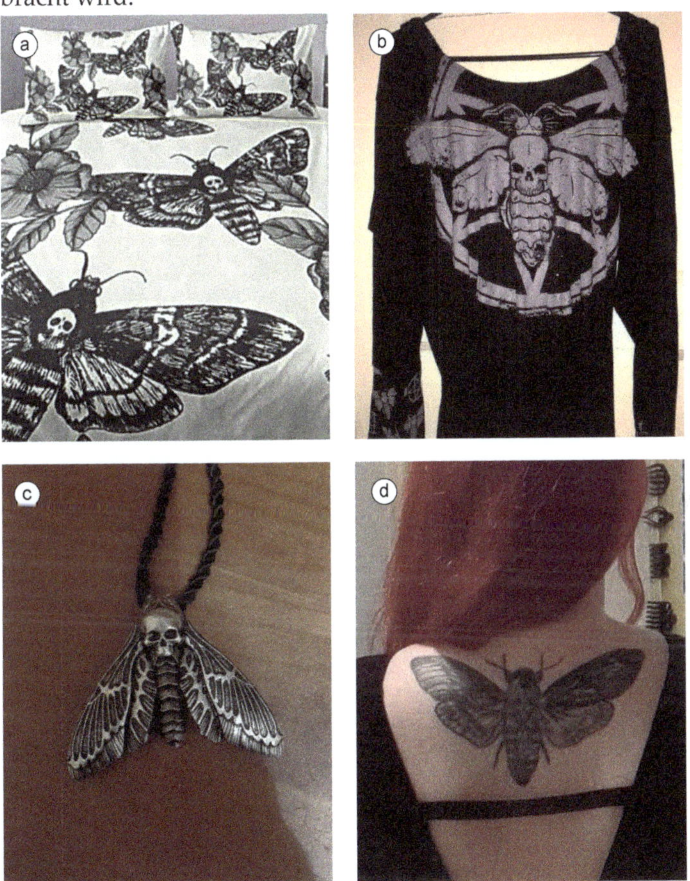

Abb. 4.3: Motiv des Totenkopfschwärmers auf Bettwäsche, Kleidung, als Schmuckstück und als Tattoo. Fotos: a: S. Schorn, b: J. Morisse, c, d: L.Styrax.

Gerahmte präparierte Falter als Wand-Deko, Schmetterlinge auf Fotos, Plakaten oder Zeichnungen – wohl in den meisten Wohnungen Mitteleuropas sind diese Insekten in irgendeiner bildnerischen Form vorzufinden. Daneben gibt es sie auch plastisch als Mobile, Gartendeko, Schokoladenfigur, Luftballonfigur sowie aufgedruckt auf T-Shirts, Socken, Schirmen und selbst auf Toilettenpapier. Diese Aufzählung ließe sich beinahe endlos fortsetzen, nur wenige Dinge gibt es, die nicht mit einem Schmetterlingsmotiv aufwarten mögen.

4.3.1 Totenkopfschwärmer in der bildenden Kunst

Auf die zahlreichen künstlerischen Darstellungen des Totenkopfschwärmers auf Bildwerken sei an dieser Stelle nur beispielhaft hingewiesen. Auf dem Gemälde »The Hireling Shepherd« (1851) von William Holman Hunt ist ebenso ein solcher Falter zu sehen wie in der Karikaturencollage »Deutsche Naturgeschichte – Metamorphose« (1934) von John Heartfield, wo die unheilvolle Imago ein Hakenkreuz und den Kopf Hitlers trägt. Vincent van Gogh malte in einer südfranzösischen Nervenheilanstalt 1889 das Bild von (vermutlich) einem Wiener Nachtpfauenauge und benannte es »Doodshoofdvlinder« (niederländisch für Totenkopfschwärmer). Der *Acherontia*-Spezialist Marcel Robischon

Abb. 4.4: Karikaturencollage »Deutsche Naturgeschichte – Metamorphose« von John Heartfield, 1934, und das von V. van Gogh als »Doodshoofdvlinder« bezeichnete Gemälde. Fotos: J. Morisse, S. Schorn.

stellte dazu die Frage, ob dies nur »ein Fall entomologischer Unkenntnis« gewesen sei oder ob VAN GOGH »in seinem seelischen Zustand […] tatsächlich den Totenkopf gesehen« hatte. Der Maler starb ein Jahr darauf »wahrscheinlich durch Suizid – wie übrigens einige der teils kaum bekannten Künstler, die am Schrecken des Falters Gefallen gefunden hatten.« (MÜLLER 2020).

Motten in Memes
Als Internetphänomen, Internet-Hype, virales Phänomen oder eben »Meme« wird ein humorvolles Konzept in Form einer verfremdeten Bild-, Ton-, Text- oder Video-Datei bezeichnet, das sich schnell über das Internet verbreitet. Besonders beliebt und häufig in den sozialen Medien gepostet, geteilt oder angeklickt und geliked sind die sogenannten Moth-Memes. Sie gingen im Sommer 2018 viral, als jemand das Makrofoto einer Motte, deren Augen das Lampenlicht reflektieren, postete.
Es ist nicht erkennbar, zu welcher Art das Tier gehört. Die etwas gruselig aussehende Motte mit den strahlenden Augen und die Assoziation mit dem Licht der Lampe, das die Motte anzieht, wurde oft kopiert und per Photoshop in vielfältiger Art und Weise verändert und in Umlauf gebracht. Die Motte in den Moth-Memes steht dabei oft für den jeweiligen Betrachter und die Lampe als Sinnbild für etwas, das der Betrachter gern haben oder tun möchte.

Abb. 4.5: Beispiel einer Moth Meme. Foto: unbekannt.

4.3.2 Totenkopfschwärmer im Film

Neben kürzeren und längeren Auftritten in verschiedenen Tier- und Naturdokumentationen kommt der Totenkopfschwärmer sowohl gezeichnet als Animationsfilm wie auch als gefilmte Naturaufnahmen (von der Entwicklung des *Acherontia atropos*) in der Produktion »Von Tieren und Hexen« (F/Lux, 2019) vor. In »Verborgenes Wiesenleben«, dem ersten Teil der vierteiligen Serie, wird sehr kindgerecht auch auf die mythologischen Besonderheiten und die Lebensweise des Totenkopfschwärmers eingegangen. Einem breiteren Publikum bekannt sind der Mysterythriller »The Mothman Prophecies« (deutsch: »Die Mothman-Prophezeiung – Tödliche Visionen«; siehe Kap. 3.3) und der Thriller »The Silence of the Lambs« (»Das Schweigen der Lämmer«; siehe Kap. 3.1).

- In dem 16-minütigen Kurzfilm »Un chien andalou« (deutsch: »Ein andalusischer Hund«) von Louis Buñuel und Salvador Dali (Uraufführung 1929 in Paris), der als Meisterwerk des surrealistischen Films gilt, kommt der Totenkopfschwärmer ebenfalls gut erkennbar vor. Übrigens: beide Hauptdarsteller starben durch Suizid (Pierre Batcheff 1932 in Paris, Simone Mareuil 1954 in Périgueux).
- Der britische Horrorfilm »The Blood Beast Terror« (1967, Tiger Productions) mit Peter Cushing in einer der Hauptrollen spielt in der Viktorianischen Ära; er handelt von Entomologen, die Opfer eines riesenhaften Totenkopfschwärmers werden, der sich in eine menschliche Gestalt verwandeln kann.
- Auch in der Krimireihe »Tatort« wurde der Totenkopfschwärmer als unheilbringend stilisiert. Im Film »Im Schmerz geboren« (HR 2014, mit Ulrich Tukur in der Hauptrolle; es ist der Film mit den meisten Toten der Reihe) ist der Totenkopfschwärmer sowohl in der Titeleinblendung als auch auf dem Deckblatt der Pressemappe zu sehen.

Mothra, die Monstermotte

In den meisten Filmen spielt der Totenkopfschwärmer eher eine Nebenrolle, dagegen hat es die überdimensionierte Motte Mothra (japanisch: Mosura) seit 1961 in mehreren Filmen zur Titelheldin geschafft. Sie ist nach Godzilla, Rodan und Varan das vierte Filmmonster des japanischen Tōhō-Filmstudios. Die große Mothra-Figur wurde, im Gegensatz zu der in japanischen Filmen üblicherweise verwendeten Suitmation, wie eine Marionette an (zumindest häufig) unsichtbaren Fäden aufgehängt und mechanisch durch Puppentrick animiert.

Seit ihrem ersten Auftritt im Film »Mosura« (1961, deutsch: »Mothra bedroht die Welt«) wurde die Motte zu einem der stärksten und beliebtesten japanischen Filmmonster überhaupt.

Mit Ausnahme des ersten Films stellt Mothra, die als alte lebendige Göttin auf der Modra-Insel lebt und von den dortigen Einheimischen verehrt und angebetet wird, das absolut Gute dar und hilft gewöhnlich den Menschen im Kampf gegen Godzilla und andere Monster. Insgesamt trat sie neben dem Filmdebut in sieben Godzilla-Filmen und in einer eigenen Trilogie auf. Die Mothra-Trilogie (1996–1998) entwickelte sich mehr als 30 Jahre nach Erscheinen der ersten Mothra zum Familienfilm. Mit »Godzilla 2: King of Monsters« erscheint Mothra 2019 erstmals in einem US-amerikanischen Film.

Abb. 4.6: DVD-Cover zum Film »Godzilla und die Urweltraupen«, Japan 1964 (a) und Mothra-Falter (b). Fotos: a: J. Morisse; b: S. Schorn.

Während Mothra als Falter recht groß ist, erscheint sie als Larve noch deutlich größer und das Ei ist so riesig, dass es anatomisch gesehen nicht in den Falter passen würde. Es fällt auf, dass die Motte den Kampf gegen Godzilla fast immer gewinnt und in ihrer ausgewachsenen Schmetterlingsform sehr oft stirbt, allerdings jeweils ein Ei existiert, woraus eine neue Mothra geboren wird. Als Larve ist sie noch relativ schwach, die dicke braune Raupe kann ihren massigen Körper aber zu rammenden Angriffen benutzen, Feinde mit ihren scharfen Mundwerkzeugen beißen und lange, klebrige und extrem stabile Fäden spucken, um damit den Gegner bewegungsunfähig zu machen. Diese Verteidigungs- und Angriffswaffe wird bei den urtümlichen, rezenten Stummelfüßern (Onychophora) tatsächlich zum Fangen und Festhalten von Beutetieren angewandt.

Abb. 4.7: Die Raupe von Mothra aus einem japanischen Monsterfilm (a). Ähnlich wie diese fiktive Raupe versprühen die Stummelfüßer (Onychophora) ein klebriges Sekret (b). Fotos: a: unbekannt, b: S. Schorn.

Als ausgewachsener Falter ist Mothra wohl das stärkste und mächtigste Monster und verfügt über unglaubliche Kräfte und Fähigkeiten (Auslösen von Explosionen und Windstürmen, Anwendung von Giftpuder, Energiestrahlen, Telepathie), ohne Zweifel jedoch das friedfertigste und hilfsbereiteste gegenüber den Menschen.

4.3.3 Totenkopfschwärmer als Motiv auf Münzen und Briefmarken

Das *Acherontia*-Motiv ist auch auf verschiedenen Zahlungsmitteln nahezu weltweit beliebt. Als Beispiel sei die 1 500-Shilling-Goldmünze aus Tansania genannt, die 2018 von B. H. Mayer's Kunstprägeanstalt, München, auf 5 000 Exemplare limitiert, herausgebracht wurde. Diese Münze aus 0,5 g Gold 9999 (Durchmesser: 13,92 mm) zeigt auf der Rückseite ein Gebirge und darüber einen großformatigen, zum Vollmond fliegenden Totenkopfschwärmer.

Abb. 4.8: Gold- und Silbermünze aus Tansania mit Totenkopfschwärmer-Motiv, beide 2018 geprägt. Fotos: Coin Invest AG, www.cit.li.

Während die Goldmünze eine klassisch-runde Form hat, wurde für die tansanische 1 500-Shilling-Münze in Silber (Auflage: 999 Stück, Durchmesser: 50 mm, Gewicht: 62,2 g), die ebenfalls 2018 von B. H. Mayer's Kunstprägeanstalt hergestellt wurde, die ganz besondere »Shaped Coin«-Form gewählt. Die untere Hälfte ist rund und stellt einen halben Globus mit einem Liniennetz dar, über dem sich auf der Rückseite ein Totenkopfschwärmer erhebt, dessen Vorderflügel über den eigentlichen Rand der Münze herausragen. Der Totenkopf auf dem Thorax weist eine deutlich detailreichere Schädelform auf als bei *Acherontia atropos,* und über diesem menschlichen Schädel erscheint der Kopf des Falters wie eine Krone. Neben den ausgebreiteten Vorder- und Hinterflügeln weist ein drittes Flügelpaar nach unten. Unter dem kleineren dritten Flügelpaar ist vor dem Außenrand der Münze die Inschrift SIC TRANSIT GLORIA MUNDI graviert. Diese Inschrift (»so geht er hin, der Ruhm der Welt«) war ursprünglich ein Liturgiebestandteil, der während der Krönungszeremonie des Papstes verwendet wurde und sich als Zitat verselbstständigt hat. Der Totenkopfschwärmer galt schon im Barock als Totenvogel und als Symbol der Vergänglichkeit menschlichen Lebens.

Auch auf Briefmarken ist der Totenkopfschwärmer weltweit in vielen Ländern ein gern verwendetes Motiv, am häufigsten *Acherontia atropos*. So zeigt z. B. die 16-Kronen-Marke der Färöer von 2010 einen Falter von *Acherontia atropos*. Auch aus Rumänien ist um das Jahr 1960 ein Postwertzeichen mit einem solchen Motiv bekannt. Neben Ungarn (Ausgabe am 20.11.1959) und der Ukraine verwenden noch viele weitere Länder Totenkopfschwärmer-Motive auf Briefmarken, Münzen oder anderen Zahlungsmitteln.

Abb. 4.9: Briefmarken mit Totenkopfschwärmer-Motiv. Fotos: a: popovaphoto/iStockphoto; b: zabanski/adobestock.

5 Anatomie und Morphologie

5.1 Falter

5.1.1 Kopf, Brustabschnitt und Hinterleib

Der Körper eines erwachsenen Falters, der auch Vollkerf oder wissenschaftlich Imago (Mehrzahl: Imagines) genannt wird, ist völlig anders aufgebaut als seine Entwicklungsstadien Ei, Raupe oder Puppe. Wie bei den übrigen Vertretern der früher oft als Kerbtiere bezeichneten Insekten gliedert sich der Schmetterlingskörper in drei deutlich voneinander getrennte Körperteile: den Kopf (Caput), die Brust (Thorax) und den Hinterleib (Abdomen).

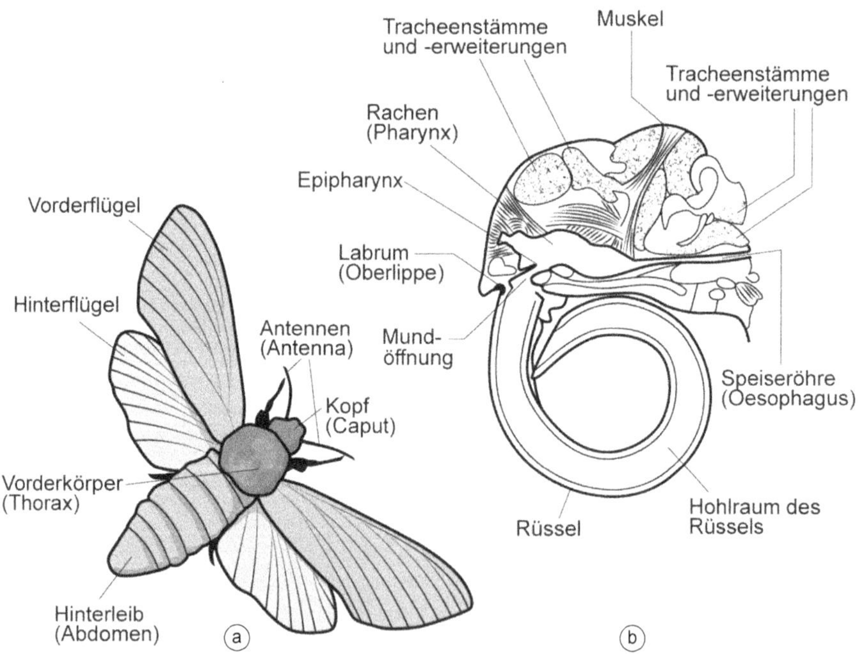

Abb. 5.1: Die Körpergliederung eines Falters (a). Kopf der *Acherontia* im Längsschnitt (b). Grafiken: D. Veit (b nach Reinhardt & Harz 1996).

Abb. 5.2: *Acherontia atropos*: Ansicht von dorsal (a), ventral (b) und lateral (Abdomen; c). Schematische Darstellung der Unterseite des maskulinen Abdomenendes (d). Fotos: C. Lewis (a–c). Grafik: D. Veit (nach Reinhardt & Harz 1996).

Am Kopf sitzen die auffallend großen Augen, darunter die zu einem Saugrüssel umgewandelten Mundwerkzeuge und auf der Stirn die Antennen, die mitunter auch als Fühler bezeichnet werden. Der Kopf ist über einen häutigen, sehr feinen und kurzen Halsabschnitt beweglich mit dem Brustabschnitt verbunden. Dieser besteht ebenfalls aus drei Teilen, der Vorder-, Mittel- und Hinterbrust (bzw. Präthorax, Mesothorax und Metathorax), die aber so ineinander übergehen, dass sie bei oberflächlicher Betrachtung eine Einheit bilden. Am ersten Brustabschnitt (Prothorax) sind bauchseitig die kräftigen Vorderbeine eingelenkt. Der zweite Brustabschnitt (Mesothorax) trägt oberseits die Vorder- oder Deckflügel und unterseits sitzt das mittlere Paar der Schreitbeine. Am dritten Brustabschnitt (Metathorax) befinden sich rückenseitig die Hinterflügel und bauchseitig die Hinterbeine; nur der am hinteren Metathorax folgende, im Vergleich zum Thorax weichhäutige Hinterleib (Abdomen) unterteilt sich wiederum in mehrere (9 bei Männchen, 10 bei Weibchen) Segmente, die häutig miteinander verbunden sind. Die vorderen beiden Abdominalsegmente sind vom darüberliegenden breiten Metathorax soweit bedeckt, dass von dorsal nur sieben (beziehungsweise bei Männchen acht) Hinterleibssegmente zu erkennen sind.

Sinnesorgane

Geruch und Geschmack: Die wichtigsten Organe des Geschmackssinns befinden sich bei den Lepidopteren (und Dipteren = Zweiflüglern) an den Beinen. Speziell die an den Füßen (Tarsen) befindlichen Sensillen werden zur Wahrnehmung von Geruchs- und Geschmacksstoffen genutzt. Über Riechzellen verfügen auch die Palpen neben dem Saugrüssel.

Sehen: Im Gegensatz zum Menschen können die Falter langwelliges ultraviolettes Licht wahrnehmen, werden bei Dunkelheit aber auch von künstlichen Lichtquellen angelockt, deren Wellenlänge im Bereich des von Menschen sichtbaren Lichtes liegt.

Hören: Bei den meisten Nachtfaltern sind die Trommelfellorgane (Tympanalorgane), die der Schallwahrnehmung dienen, besonders gut ausgebildet. Mithilfe dieser Tympanalorgane können die Nachtfalter die von ihren ärgsten Feinden – den Fledermäusen – ausgestoßenen Ultraschalltöne hören und ggf. mit geschickten Flugmanövern durch plötzliche Wendungen, Zickzack- oder Sturzflug den Jägern mit der Echopeilung entkommen.

Tasten und andere Reizwahrnehmungen: Die Wahrnehmung von Sexuallockstoffen (Pheromonen) der weiblichen Falter, von Luftströmungen und anderen (Tast-)Reizen erfolgt über die Antennen. Über Tastzellen verfügen auch die Palpen neben dem Saugrüssel und sogar einige Flügelschuppen sind damit ausgestattet.

Augen

Der rundliche, mit vielen schwarzen und stirnseitig grauen, feinen Härchen pelzartig bedeckte Kopf (Caput) trägt beidseitig ein äußerst großes, halbkugelförmiges und stark gewölbtes mattschwarzes Lichtsinnesorgan.

Dieses Auge setzt sich wiederum aus sehr vielen (bei *Acherontia atropos* 12 400) kleinen Augenkegelchen, den sog. Ommatidien oder Facetten, zusammen. Einzelaugen (Ocellen) sind bei den (Totenkopf-)Schwärmern nicht vorhanden. Die Schmetterlinge haben durch die Facettenaugen ein großes Gesichtsfeld und können darin Bewegungen sehr gut wahrnehmen. Die Tatsache, dass sie nicht fähig sind zu akkommodieren und dass ein Objekt nur von jeweils wenigen Facettenaugen wahrgenommen werden kann, ist hingegen von Nachteil.

Das »Farbsehen« ist bei Schmetterlingen unterschiedlich ausgeprägt, sie sehen zwar kaum rote Farben, können aber ultraviolettes Licht und Farbmuster von

Blüten und Geschlechtspartnern wahrnehmen, die der Mensch nicht sehen kann. Durch ihre Anpassung an die Dunkelheit werden Nachtfalter vom kurzwelligen (»schwarzen«) Licht förmlich angezogen.

Neben den Facettenaugen besitzen einige Nachtfalter und manche anderen Insekten ein Paar einfacher Ocellen, diese liefern zwar kein Bild, aber können die relative Lichtstärke registrieren und somit die Lichtempfindlichkeit der Facettenaugen regulieren.

Abb. 5.3: Kopf eines *Acherontia-atropos*-Falters in Nahaufnahme (a). Facettenaugen von *Acherontia atropos* in der Vergrößerung. Fotos: a: C. Lewis, b: J. O. Dum/Medienbunker Produktion.

Die Komplexaugen sind beim Totenkopfschwärmer und anderen Vertretern der Familie Sphingidae als Superpositionsauge ausgebildet. Durch Adaption (d. h. Pigmentwanderung in den Nebenpigmentzellen in ein schärfer zeichnendes »Hellauge«) kann das »Dunkelauge« umfunktioniert werden. Hierzu geben Reinhardt & Harz (1996) weiterhin an: »Die ohnehin schon bedeutendere Lichtstärke dieses Typs – im Vergleich zum Appositionsauge – wird bei vielen Arten noch durch ein Retinatracheen-Tapetum erhöht, wodurch innerhalb des Auges eine nochmalige Reflexion der eingedrungenen Lichtstrahlen erfolgt. Hierdurch wird das ›Glühen‹ der Augen beim Flug an eine Lichtquelle hervorgerufen (Weber 1954).

Offenbar liegt die höchste Lichtwahrnehmung nachts fliegender Schmetterlinge im Bereich von 420 nm, ist also zum ultravioletten Bereich verschoben. Wie aus Untersuchungen und Berechnungen von Cleve (1967) weiter hervorgeht, dürften die Tiere auch das Licht der in diesem Wellenbereich strahlenden Fixsterne wahrnehmen können. Die Himmelskörper erscheinen demnach den Faltern in etwa gleicher Größe wie der Mond, jedoch mit unterschiedlicher Helligkeit.«

Abb. 5.4: Bei Dunkelheit leuchten die Augen von *Acherontia* sp. unter einfallendem Licht rötlichviolett und assoziieren ein »Glühen«. Foto: S. Schorn.

Antennen

Die 10–14,5 mm langen Antennen (Fühler) sind bis auf die hakenförmige weiße Spitze mattschwarz gefärbt und setzen sich aus dem breiten Schaft oder erstem Segment (Scapus), das an der Basis mit dem Caput verbunden ist, dem zweiten Antennensegment (Pedicellus) und der aus vielen Segmenten bestehenden Geißel zusammen. Mit den Antennen werden unter anderem die Temperatur, Duftstoffe und Luftschwingungen (Wellen im Ultraschallbereich) wahrgenommen, sie dienen außerdem zum Tasten, z. B. dem Ertasten von Artgenossen oder der unmittelbaren Umgebung.

Abb. 5.5: Antennen von *Acherontia atropos*: ein Antennenpaar (a), die vergrößerte Antennenspitze (b) und Teil der Antenne stark vergrößert. Fotos: a, b: C. Lewis, c: J. O. Dum/Medienbunker Produktion.

Mundwerkzeuge

Der Saugrüssel wird in der Ruhehaltung aufgerollt an der Unterseite des Kopfes getragen und zur Nahrungsaufnahme ausgestreckt. Allgemein besitzen die Schwärmer die längsten Saugrüssel. Der auf Madagaskar beheimatete *Xanthopan morganii* besitzt einen Saugrüssel von bis zu 25 cm Länge, mit dem diese Art aus den langen, dünnen Nektarien einiger Orchideen saugen kann.

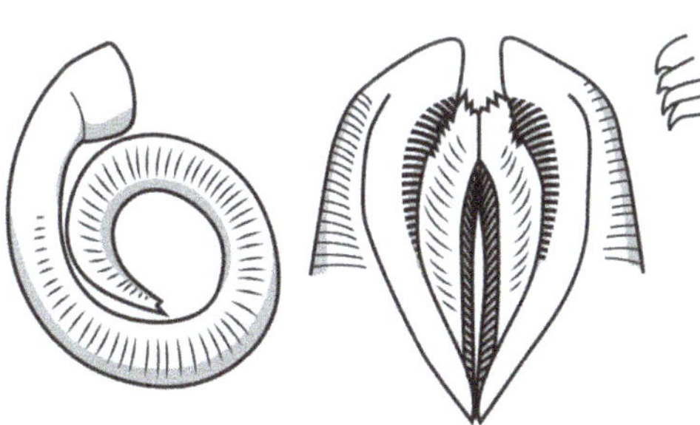

Beidseitig vom Saugrüssel befinden sich die maxillaren und labialen Palpen, die ebenfalls Sinnesorgane zum Tasten und Riechen aufweisen. Während die maxillaren Palpen bei vielen Arten verkümmert sind, haben sich die labialen Palpen oft groß ausgebildet und tragen bei manchen Arten nasenartige Fortsätze.

Abb. 5.6: Schematische Zeichnung des Rüssels des Totenkopfschwärmers: Links: Seitenansicht in Ruhelage. Rechts: Rüsselspitze, rechts oben Ausschnitte aus der Zähnchenreihe dieses Ausschnitts. Grafiken: D. Veit (nach Reinhardt & Harz 1996).

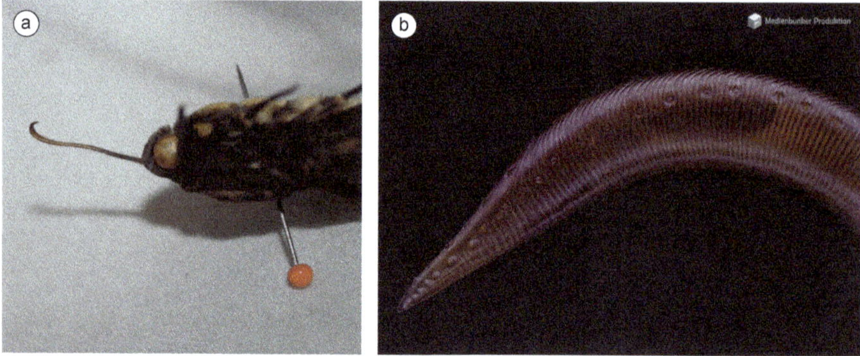

Abb. 5.7: Präparat von *Acherontia styx* mit ausgestrecktem Saugrüssel (a). Stark vergrößerte Spitze des Saugrüssels von *A. atropos* (b). Fotos: a: S. Schorn, b: J. O. Dum/Medienbunker Produktion.

Beine

Für Insekten charakteristisch sind drei Beinpaare, weshalb man sie auch als Sechsfüßer (= Hexapoden) bezeichnet. Die besonders kräftig gebauten Beine gliedern sich jeweils in fünf Abschnitte. Das erste Basalglied oder Hüfte (Coxa) ist relativ breit und über den recht kurzen Schenkelring (Trochanter) gelenkig mit dem Schenkel (Femur) verbunden. Das Schienbein (Tibia) ist nicht so breit, aber deutlich länger als der Schenkel. Während diese ersten vier Segmente (Coxa, Trochanter, Femur und Tibia) immer ungeteilt sind, besteht der Fuß (Tarsus) aus mehreren Gliedern, die am Ende mit zwei spitzen Krallen oder Klauen (Ungeus) ausgestattet sind. Neben der Fortbewegung sind die Beine auch zum Schmecken und Riechen sowie Putzen der Antennen unentbehrlich.

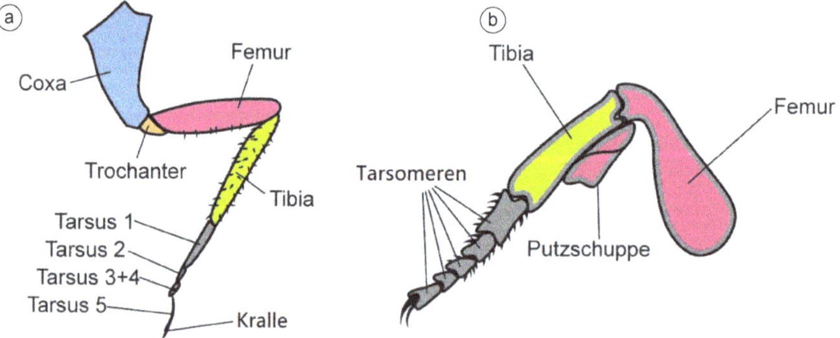

Abb. 5.8: Segmentierung eines Schmetterlingsbeines (a). Rechtes Vorderbein (von innen) eines Totenkopfschwärmers (b). Grafiken: D. Veit (b nach nach Reinhardt & Harz 1996).

Abb. 5.9: Beine von *Acherontia atropos*: Vorder-, Mittel- und Hinterbein (von links nach rechts, a). Die stachelartigen Auswüchse (Tibialsporn) am Hinterbein können zur Feindabwehr genutzt werden (b). Vorderbein mit sog. Putzschuppe (c) und vergrößerte Putzschuppe (d). Fotos: C. Lewis.

Flügel

Der Mesothorax trägt, ebenso wie der Metathorax, je ein Paar Flügel, die Vorder- und Hinterflügel. Die zwei Membranen, aus denen jeder Flügel besteht, werden durch ein netzartiges, mit Röhren durchzogenes Adersystem separiert und gleichzeitig verstärkt. Das Adersystem, das Luft, Blut und Nervenstränge enthält, ist für die Einteilung der Schmetterlinge von großer Bedeutung. Während das Geäder der Vorder- und Hinterflügel bei den primitiven Gruppen fast identisch ist, zeigt es bei den höher entwickelten Gruppen große Unterschiede.

Abb. 5.10: Flügel von *Acherontia atropos*: Vorderflügel von ventral (a) und dorsal (b), Hinterflügel von dorsal, (c). Fotos: C. Lewis.

Auf der Ober- und Unterseite sind die Flügel dachziegelartig mit Schuppen bedeckt, die die Flügeladern verdecken. Sie sind für die Bestimmung von Schmetterlingen besonders wichtig, und da oft nur geringe Unterschiede zwischen verschiedenen Arten bestehen, wurden die Flügel in Regionen aufgeteilt und die Adern der Flügel sowie die daraus gebildeten Zellen nummeriert. In der Ruhestellung liegen die Flügel über dem Hinterleib, wobei die Vorderflügel (Tegmina) die Hinterflügel (Alae) bedecken.

Der Totenkopfschwärmer wird gelegentlich anatomisch falsch mit insgesamt sechs Flügeln abgebildet (u. a. bei Tattoos, auf Briefmarken und Münzen, vgl. Abb. 4.8). Die relativ häufige Verbreitung dieser inkorrekten Darstellung beruht vermutlich auf einem Irrtum, bei dem die beiden schwarzen Bänderzeichnungen auf den Hinterflügeln des Falters als ein weiteres kleines Paar Flügel gedeutet wurden.

Schuppen

Die Färbung der Schmetterlinge entsteht durch die unterschiedlich pigmentierten Schuppen (siehe auch Kap. 5.1.3). Diese sind auf den Flügeln, aber auch auf Kopf, Thorax und Abdomen verteilt und bestehen aus feinen Härchen, die mit einem kurzen Stiel in einer Grube verankert sind. Sie unterscheiden sich deutlich in Form und Größe und erfüllen verschiedene Funktionen. Die Duftschuppen (Androkonien) beispielsweise verbreiten Duftstoffe, mit denen die männlichen Tiere das andere Geschlecht anlocken und zur Paarung bewegen wollen. Ein wichtiges Merkmal, das sie von den anderen Schuppenarten abhebt, besteht darin, dass sie mit einem Büschel feiner Haare besetzt und schmaler sind.

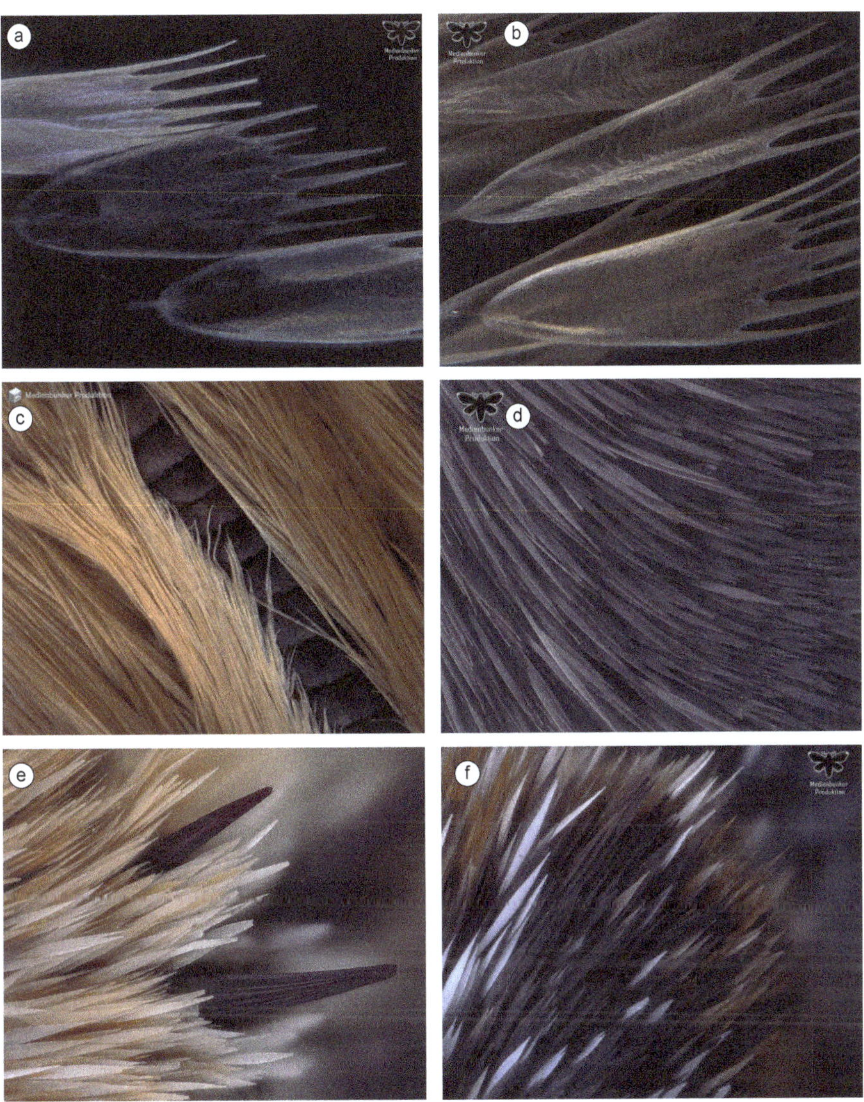

Abb. 5.11: Kammartig gezahnte Schuppen auf den Flügeln (a, b) sowie haar- und borstenförmige Schuppen auf dem Körper (c–f) des Totenkopfschwärmers (*Acherontia atropos*) in der Vergrößerung. Fotos: J. O. Dum/Medienbunker Produktion.

5.1.2 Atmungs-, Nerven-, Verdauungs- und Fortpflanzungssystem

Bei Insekten gibt es keinen geschlossenen Blutkreislauf. Das röhrenförmige Herz der Schmetterlinge befindet sich im Abdomen und pumpt das Blut bzw. bei Insekten die Hämolymphe in einem einfachen Kreislauf durch den Körper. Die Hämolymphe transportiert Nährstoffe im Körper, aber keinen Sauerstoff bzw. Kohlenstoffdioxyd.

Atmung

Die Atmung erfolgt – wie bei Insekten typisch – über ein Tracheensystem. Über seitliche Atemöffnungen, den Stigmen (ein Stigma liegt am Thorax, weitere Stigmen befinden sich lateral auf den Abdominalsegmenten), gelangt die Atemluft durch ein verzweigtes Rohrsystem, die sogenannten Tracheen, in den Körper und versorgt die Organe mit Sauerstoff. Der Abtransport von Kohlenstoffdioxid vollzieht sich ebenfalls über die Tracheen. Da der maximale Transportweg bei diesem Atmungssystem begrenzt ist, beschränkt sich auch das Größenwachstum der Insekten.

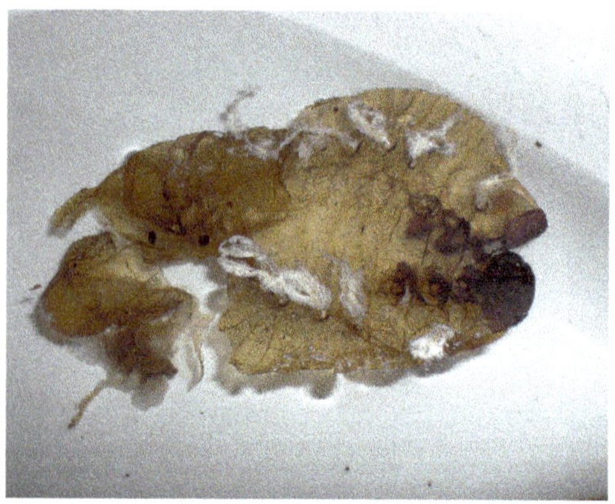

Abb. 5.12: An dieser Hauthülle (Exuvie) einer Riesenkäferlarve im Wasserbad lassen sich die weißen Tracheen am inneren Ansatz der Atemlöcher (Stigmen) gut erkennen. Foto: S. Schorn.

Nervensystem

Das Nervensystem besteht im Wesentlichen aus zwei parallellaufenden Nervensträngen, die strickleiterartig durch Ganglien miteinander verbunden sind und sich auf der Körperunterseite unterhalb des Darms befinden. Die Nervenstränge führen vom vorderen Ende des Abdomens um den Darm herum und verbinden sich mit den Kopfganglien des Gehirns. Diese Kopfganglien bestehen aus dem Unterschlund- und dem Oberschlundganglion, wobei beide dieser Nervenabschnitte voneinander unabhängig sind. Das bedeutet, dass der Körper noch arbeiten und für eine gewisse Zeit lang »funktionieren« (zum Beispiel unkontrolliert umherlaufen) kann, obwohl das Gehirn bereits tot ist.

Verdauung

Das Verdauungssystem beginnt mit dem muskulösen Rachen (Pharynx), von dem die über den Saugrüssel aufgenommene flüssige Nahrung vom Mund in die röhrenförmige Speiseröhre (Ösophagus) gepumpt wird. Im anschließenden Mitteldarm werden die Nährstoffe aufgespalten und von der Hämolymphe aufgenommen. Zwei röhrenförmige Nieren, die sogenannten Malpighischen Gefäße, nehmen die Stoffwechselprodukte aus den Organen auf und leiten sie weiter in den Enddarm (oder Mastdarm), wo sie über den After bzw. die sogenannte Analklappe ausgeschieden werden (siehe auch Kap. 6.7.2).

Es gibt unter den Schmetterlingen einige Arten, die als Imago keinerlei Nahrung mehr aufnehmen, sodass deren Verdauungssystem nutzlos ist, bei manchen Arten, zum Beispiel Pfauenspinnern (Saturniidae) oder Glucken (Lasiocampidae), ist bei den Imagines überhaupt kein Verdauungssystem ausgebildet.

Drüsen und Duftstoffe

Sowohl die Raupen als auch die Falter verfügen über spezielle Drüsen, die bestimmte Aufgaben und Funktionen (z. B. zur Häutung und zur Produktion von Spinnseide) haben. Die männlichen Imagines der Totenkopfschwärmer sondern bei starker Störung ein Abwehrsekret ab, dessen Geruch an modernde Pilze erinnert, andere Autoren bezeichnen diesen auch als moschusartigen Geruch. Diese Drüsen sind jeweils von einem pinselförmigen Haarkranz umgeben, der für eine weitere Verbreitung der Duftstoffe sorgt.

Andere Duftstoffe, die jeweils von beiden Geschlechtern produziert und abgegeben werden können, dienen weniger der Abschreckung von möglichen Fressfeinden, sondern vielmehr der Tarnung (im Bienenstock) oder der innerartlichen Kommunikation (z. B. Pheromone bei der Partnerfindung). Über die chemische Zusammensetzung der verschiedenen Duft-, Lock- oder Abwehrstoffe und speziell deren Aufgabe und Wirkung ist nur wenig bekannt, anders gesagt, steht hier die Forschung noch am Anfang. Über die Geschlechtsdrüsen der Totenkopfschwärmer ist zumindest bei *Acherontia atropos* bekannt, dass bereits die Anzahl der (Tageslicht-)Stunden, denen die Raupen ausgesetzt sind, eine Wechselwirkung auf die Fruchtbarkeit der späteren Falter hat. Beträgt die Lichtdauer mehr als 12 Stunden am Tag (z. B. über mehrere Wochen 14 Stunden täglich), sind die Imagines unfruchtbar, d. h., nach der Eiablage kommt nichts zum Schlupf.

Fortpflanzungssystem

Die Kopulationsorgane sind nicht nur zur Fortpflanzung, sondern auch für die Artbestimmung sehr wichtig, da sich manche Arten so sehr ähneln, dass eine Abgrenzung und Unterscheidung nur über selbige erfolgen können. Diese meist fein gegliederten und kompliziert gebauten Organe bieten für die Unterscheidung äußerlich ähnlicher Formen deutlich mehr Anhaltspunkte als einfach gebaute Organe.

Früher wurde für die Bestimmung von Schmetterlingsarten ausschließlich der Geschlechtsapparat der männlichen Falter herangezogen, neuerdings werden auch die weiblichen Geschlechtsorgane untersucht, die jedoch nur bei manchen Gruppen (z. B. bei vielen Geometridae und Zünslern) deutliche Unterscheidungsmerkmale erkennen lassen. Bei manchen Gattungen (z. B. bei *Hydraecia*) ist der Kopulationsapparat zu einem unentbehrlichen Hilfsmittel für die Unterscheidung der Arten geworden, wobei jedoch zu beachten ist, dass dieser (wie jedes andere Organ auch) veränderlich ist und nicht jeder daran festgestellte Unterschied sofort als Artunterschied gedeutet werden darf.

Weiblicher Geschlechtsapparat der Schmetterlinge

Die Kopulationsorgane der Weibchen befinden sich auf der Bauchseite im Inneren des Abdomens. Kurz vor dem Hinterleibsende liegt die Begattungs- oder Geschlechtsöffnung, die Ostium bursae oder Introitus vaginae genannt wird. Deren chitinisierte Umgebung (an der sich die Klammerorgane des Männchens bei der Kopulation verankern) besteht aus zwei Chitinplatten: der Antevaginalplatte vor und der Postvaginalplatte hinter der Geschlechtsöffnung. Diese beiden Platten werden gemeinsam als Sterigma bezeichnet. Bei den meisten Schmetterlingen befindet sich die Legeöffnung für die Eier, der Oviporus, von der Begattungsöffnung getrennt am Hinterleibsende.

Der sogenannte Ductus bursae verbindet die Begattungsöffnung mit der sackartigen, häutigen Begattungstasche (Bursa copulatrix), deren Wandung häufig wichtige Dornenbildungen (das Signum oder die Lamina dentata) trägt. Der Genitalapparat ist bei den Weibchen deutlich einfacher aufgebaut als bei den Männchen.

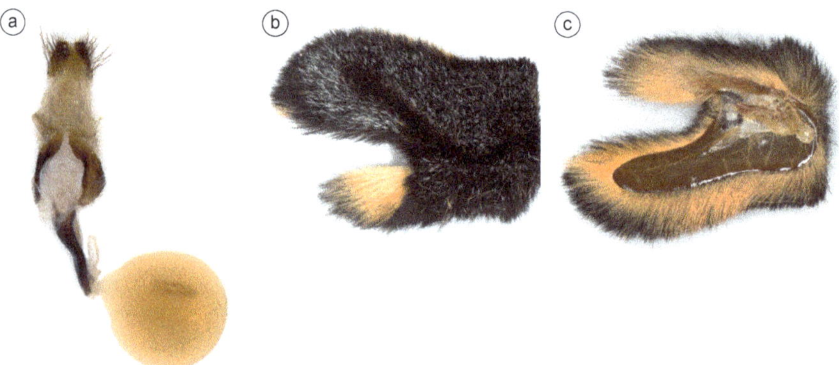

Abb. 5.13: Abgetrennter und präparierter Geschlechtsapparat eines weiblichen *Acherontia atropos* (a), von dorsal (b) und geöffnet (c). Fotos: C. Lewis.

Männlicher Geschlechtsapparat der Schmetterlinge

Der Geschlechtsapparat der Männchen befindet sich im Inneren des Hinterleibes und kann zur Kopulation teilweise herausgestreckt und danach wieder eingezogen werden. Der dorsale Teil des Geschlechtsapparates ist mehr oder weniger ringförmig ausgebildet und wird als Tergumen bezeichnet. Meist trägt das Tergumen zwei gegen das Körperende gerichtete Fortsätze, den oberen Uncus und den unteren Scaphium oder Gnathos, die gegeneinander beweglich sind und zum Festhalten am oberen und unteren Hinterleib des Weibchens dienen. Das Tergumen ist bauchwärts mehr oder weniger stark verlängert. Diese Verlängerung wird als Vinculum bezeichnet und trägt bei den meisten Arten (außer Geometridae und Saturniidae) einen Anhang, der Saccus genannt wird. Beidseitig des Tergumens sitzen große, schalenförmige Klappen, die Valven, mit denen der Hinterleib des Weibchens bei der Paarung an beiden Seiten festgehalten wird. Auf den Innenseiten der Valven sitzen verschiedenartig gestaltete Chitingebilde, die nach Bau und Lage als Ampulla, Clasper, Clavus, Editum und Sacculus bezeichnet werden.

Abb. 5.14: Männlicher Geschlechtsapparat. Foto: C. Lewis.

Die Valven tragen am Außenrand oft kräftige lange Marginaldornen und bei zahlreichen Arten finden sich am Valvenende zapfenförmige Auswüchse, die man als Digitus und Pollex bezeichnet. Das charakteristisch verbreitete Endteil der Valven wird Cucullus genannt und trägt am Außenrand häufig einen Kranz beziehungsweise eine Reihe kräftiger, nach innen gerichteter Dornen, dieser Dornenkranz heißt Corona.

Oberseits zwischen den Valven liegt der röhrenförmiges Aedoeagus, in dessen Innerem befindet sich der weichhäutige und ausstülpbare Penis. Dieser ist oft mit Stacheln besetzt, die als Comuti bezeichnet werden und für die Artbestimmung wichtig sind. Zur Artunterscheidung sind auch die Valven und Unci besonders wichtig, jedoch muss bei der Diagnose die Gesamtheit aller Bedingungen des Genitalapparates in Betracht gezogen werden. Manche Arten besitzen zusätzlich Klammerorgane, die auch zur Stabilisierung des Aedoeagus dienen und als Transtila (oberhalb des Aedoeagus) oder Anellus (unterhalb des Aedoeagus) bezeichnet werden.

Die **Geschlechtsunterschiede** der *Acherontia*-Falter lassen sich am Ende des Abdomens erkennen. Die Weibchen besitzen ein stumpf abgerundetes Hinterleibsende, während dieses beim Männchen spitz zuläuft. Weiterhin ist das letzte Hinterleibssegment bei den Weibchen komplett graublau oder schwarz gefärbt, bei den Männchen weisen jedoch die letzten zwei – seltener drei – Hinterleibssegmente eine solche Färbung auf. Ein ausgeprägter Geschlechtsdimorphismus ist (von den genannten Merkmalen abgesehen) bei *Acherontia atropos* somit nicht vorhanden. Im Allgemeinen werden die weiblichen Falter ein wenig größer und etwas schwerer als ihre männlichen Artgenossen. Da jedoch auch das Nahrungsangebot, die Temperaturen und einige weitere Faktoren während der larvalen Entwicklungszeit (d. h. als Raupe) eine Rolle spielen und das Größenwachstum (vor der Metamorphose) beeinflussen, können die Geschlechter nicht allein durch die jeweilige Körpergröße, Körpergewicht oder Flügelspannweiten festgestellt und zugeordnet werden.

Abb. 5.15: Geschlechtsunterschiede der Falter: Äußerlich sind ein männlicher (a) und ein weiblicher (b) Imago von *Acherontia atropos* kaum unterscheidbar. Fotos: J. Haxaire.

Tabelle 5.1: Geschlechtsunterschiede der Falter von *Acherontia atropos*

Geschlecht	männlich (1,0)	weiblich (0,1)
Flügelspannweite	90–115 mm	100–125 mm
Körperlänge	50–58 mm	55–60 mm
Körperdurchmesser	18–20 mm	20–23 mm
Körpergewicht	2–6 g	3–8 g
Länge der Antennen	10–14,5 mm	10–13 mm
Form des Abdomens	läuft spitz zu	stumpf abgerundet
Färbung des Abdomens	die letzten 2–3 Hinterleibssegmente sind schwarz bis dunkelblau	letztes Hinterleibssegment schwarz bis dunkelblau

5.1.3 Färbung und Zeichnung

Viele Arten der Tag- und Nachtfalter sind auffällig gefärbt. Die Färbung entsteht zum einen durch die Pigmente der Schuppen, zum anderen durch spezielle Oberflächenstrukturen (= Strukturfarben). Ein Bruchteil der Farbeindrücke, die den Zauber der Schmetterlinge ausmachen, beruht auf Interferenz, diese wird durch feine Lamellen in den Flügeln hervorgerufen. Durch selektive Reflexion und Streuung des Lichts wird nur ein Teil des Farbspektrums sichtbar gemacht. Diese Schillerfarben sind daran zu erkennen, dass sich bei variiertem Betrachtungswinkel der Farbeindruck verändert.

Die jeweils einfarbigen Schuppen der Deckflügel weisen eine enorme Vielfalt an Formen auf und haben an bestimmten Körperstellen die Funktion von Drüsen oder Tastorganen (sensorischen Organen) übernommen (siehe Kap. 5.1.1). Neben den »normal« gefärbten Faltern kann es auch vereinzelt zu Aberrationen oder Farbmorphen kommen, bei denen bestimmte Tiere ganz anders (meist dunkel oder schwarz) gefärbt sind. Früher wurden für die verschiedenen Färbungsvarianten einer Schmetterlingsart eigene Namen vergeben, heute haben diese Namen aber keinerlei nomenklatorische Relevanz.

Totenkopfschwärmer – markant gefärbt und gezeichnet

Der Kopf, die Antennen (mit weißer Spitze), die kräftigen Beine (mit weißen Querstreifen) und die Oberseite des Thorax sind nahezu schwarz oder schwarzbraun gefärbt. Die gattungstypische »Totenkopf«-Zeichnung auf dem dorsalen Thorax ist gelblich-weiß und variabel, gelegentlich kann diese Zeichnung auch vollständig fehlen. Die Thoraxunterseite und die Bauchseite des Abdomens sind ockerfarben (siehe Abb. 5.2). Das Abdomen ist dorsal und lateral ockergelb bis orange und trägt einen medianen graublauen Längsstreifen auf den Tergiten (Rückenplatten). Die Sternite (segmentierte Bauchplatten) am bauchseitigen (ventralen) Abdomen tragen jeweils eine breite dunkle Querbinde. Die Tergite sind am hinteren Rand schwarz gefärbt, wodurch sich eine markante Doppelreihe aus ocker- bzw. orangefarbenen Flecken auf dem Abdomen ergibt.

Die Vorderflügel weisen eine variable Musterung aus dunkelgrauen bis tiefbraunen Schattierungen auf und sind mit ockerfarbenen bis rotbraunen und/oder weißlichen Flecken marmoriert (Abb. 5.10). An der direkten Flügelbasis sitzen helle, ockergelbe Härchen, ockerfarbene bis rostbraune Querbinden verlaufen von der Flügelbasis bis zum hinteren Flügelaußenrand. Zwischen zwei schwarzen Querbinden befindet sich an der äußeren Mitte der Flügel ein kleiner heller Punkt. Im vorderen und hinteren Flügelbereich verlaufen von außen weiße, gezackte bis wellenförmige Querbinden, von denen die vordere deutlich schmaler ausgebildet ist als die hintere. Der Flügelaußenrand ist dunkel gefärbt, die Unterseite beider Flügelpaare ist heller und überwiegend ockerfarben. Die variable Zeichnung der Vorderflügel kann sehr deutlich ausgebildet sein oder bei manchen Individuen nahezu vollständig fehlen, wodurch die Vorderflügel beinahe gleichmäßig graubraun und ohne auffällige Musterung erscheinen.

Die Hinterflügel sind auch auf der Oberseite überwiegend ockerfarben und tragen zwei auffällige dunkle Querbinden, wovon die innere Binde nahe zum hinteren Außenrand gekrümmt ist. Die beiden dunklen Querbinden können so stark ausgeprägt sein, dass sie nahezu miteinander verschmelzen. Meist ist die äußere Binde am Flügelaußenrand breiter und verwaschener ausgebildet als die innere Binde, die bei einigen Individuen auch völlig fehlen kann. Die undeutlich abgegrenzte dunkle Submarginalbinde strahlt über die Flügeladern an den Flügelaußenrand aus und ist vorn breiter ausgebildet als im hinteren Bereich.

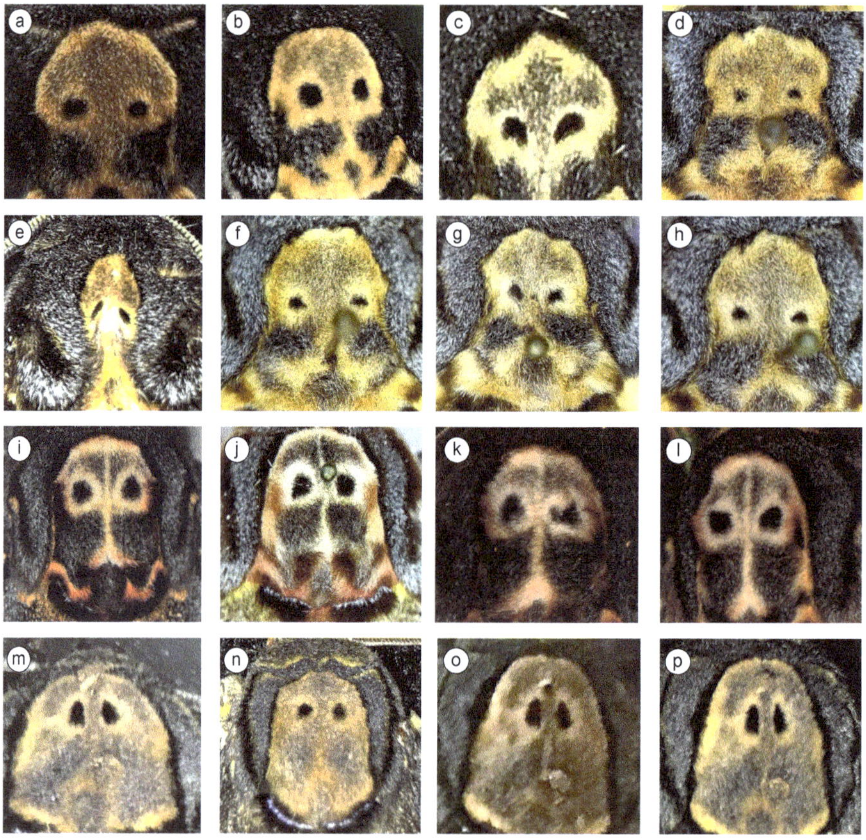

Abb. 5.16: Die Thoraxzeichnungen sind individuell verschieden: Beispiele von *Acherontia atropos* (1. u. 2. Reihe), *A. lachesis* (3. Reihe) und A. *styx* (4. Reihe) im Vergleich. Fotos: S. Schorn (1., 2., 4. Reihe), G. Petrány (3. R., 1., 3., 4. Abb.), J. Haxaire (3. R., 2. Abb.).

5.1.4 Flügelschlag und Flugtypen

Der Flügelschlag der Schmetterlinge ist wesentlich komplizierter und komplexer, als es auf den ersten Blick den Anschein hat. Um die Vorder- und Hinterflügel beim Fliegen koordinieren zu können, damit sie gleichzeitig schlagen, gibt es bei den einzelnen Arten unterschiedliche Vorgehensweisen. So ist der Hinterflügel bei den Tagfaltern und einigen Nachtfaltern am Vorderrand lappenartig verbreitert und wird an die Vorderflügel gepresst, deren Basis darüber liegt. Beide Flügelarten werden bei den meisten anderen Nachtfaltern durch das Frenulum, das bei den Männchen die Form einer steifen Borste hat und bei den Weibchen aus mehreren dünnen Borsten gebildet wird, an der Basis des Hinterflügels verbunden. Es ist in einer kleinen Schlinge am Vorderflügel (Retinakulum) eingehängt. Einige primitive andere Arten tragen an der Basis der Vorderflügel einen fingerförmigen Lappen, der über den Rand des Hinterflügels greift und festhält.

Die Flügel bewegen sich nicht nur einfach auf und ab, sondern können an der Wurzel gedreht werden und ihren Anstellwinkel ändern. Der Flügelschlag ähnelt daher dem Schwung einer Acht, womit die Luft nach hinten und unten gepresst wird, was dem Falter einen Vortrieb verleiht. Durch ein komplexes System von Muskeln im Brustbereich wird die Flügelbewegung ermöglicht, und abhängig von der Form und Größe der Flügel ergibt sich eine unterschiedliche Schlagfrequenz, die vom einfachen Flattern und Segeln bis zum Schwirren der Schwärmer reicht, von denen einige Arten auch im Flug auf der Stelle stehen oder sogar rückwärts fliegen können. *Acherontia*-Arten erreichen eine Fluggeschwindigkeit von bis zu 50 km/h.

Während bei den Schmetterlingen (insbesondere den Tagfaltern) die ursprünglichste Form der Flugtypen der **Flatterflug** mit einer Geschwindigkeit von etwa 6–7 km/h darstellt, finden sich die besten Flieger unter dem Typ des sogenannten **Schwirrflugs**. Diesen praktizieren die Schwärmer (Sphingidae) in vollkommener Weise, und zwar durch das Zusammenspiel der schmalen Vorderflügel, der kleineren Hinterflügel und des spindelförmigen Körpers. Manche Arten bringen es hierbei auf bis zu 60 km/h! Als wahre Flugkünstler vermögen es die Schwärmer – Paradebeispiele sind hier unsere heimischen Hummelschwärmer (*Hemaris fuciformis*) und das Taubenschwänzchen (*Macroglossum stellatarum*) – wie ein Kolibri und dabei schneller und zielgenauer als der modernste Hubschrauber während des Fluges in der Luft an einer Stelle zu verweilen, meist zur Nahrungsaufnahme über einer Blüte.

Tagsüber verharren *Acherontia-atropos*-Falter meist regungslos. Durch die Färbung und Zeichnung der dachziegelartig übereinandergeschlagenen Vorderflügel sind sie auf Baumrinde oder trockenem Falllaub am Boden perfekt getarnt.

Abb. 5.17: Im Flug weist *Acherontia atropos* eine gewisse Ähnlichkeit mit einer Hornisse auf. Flügelschlag und Flugtypen verschiedener Schmetterlingsarten (a). *A.-atropos*-Falter – perfekt getarnt. (b). Fotos a, c: S. Schorn, Zeichnung und Foto b: H. Schmidt.

5.1.5 Lauterzeugung der *Acherontia*-Arten

Wird ein ruhender *Acherontia-atropos*-Falter aufgestöbert, läuft er unruhig davon und hüpft mit entfalteten Flügeln umher, er präsentiert dabei die auffälliger gefärbten Hinterflügel. Gelingt es dem Tier nicht, sich unter Pflanzenteilen oder in Spalten und Löcher zurückzuziehen, fängt es bei weiterer Belästigung oder gar einer Berührung durch den Störenfried oder Angreifer lautstark an zu pfeifen. Diese schrillen, pfeifenden Geräusche können sowohl männliche als auch weibliche Falter erzeugen, auch bei den beiden anderen Arten der Gattung.

Die Lauterzeugung zur Feindabwehr ist bei Insekten nichts Ungewöhnliches, beispielsweise ist das lautstarke Rascheln mit den Flügeln (Stridulation) bei einigen Gespenstschrecken (Phasmatodea), z. B. bei der weiblichen *Heteropteryx dilatata*, üblich. Fauchschaben (*Gromphadorhina*) gehören zu den bekanntesten Insekten mit akustischem Feindabwehrverhalten, wogegen dieses bei Schmetterlingen bislang nur von den *Acherontia* bekannt ist.

Abb. 5.18: Lauterzeugung zur Feindabwehr: Das lautstarke Rascheln mit den Flügeln (sog. Stridulation) beeindruckt besonders bei Gespenstschrecken wie *Heteropteryx dilatata*. Fauchschaben (*Gromphadorhina*) sind besonders bekannt für ihre akustischem Lautäußerungen. Fotos: S. Schorn.

Unter dem Titel »Die Stimme des Totenkopfes (*Acherontia atropos* L.)« hat schon Prell (1920) in den Zoologischen Jahrbüchern die Geräuscherzeugung der Totenkopfschwärmer beschrieben. Zur Lauterzeugung wird die Pharynxdecke durch Kontraktion von zwei kräftigen, mit dem Schlund (Pharynx) verbundenen Muskeln angehoben. Durch den Saugrüssel wird Luft eingesogen und gleichzeitig die Speiseröhre (Ösophagus) verschlossen, sodass die Luft nur den Rachenraum füllt. Dabei streicht ein Teil der Luft auch durch die Mundöffnung, wobei der Epipharynx aufwärts gebogen wird, um durch einen Depressormuskel wieder nach unten gedrückt zu werden. Durch rasches Abwechseln dieses Vorgangs wird die Mundöffnung kurz geöffnet und geschlossen, dabei entstehen Schallwellen – ähnlich wie in einer mechanischen Sirene. Das Schwingen des Epipharynx erzeugt auf diese Weise einen Ton zwischen 6 000 und 8 000 Hz, wobei diese Trägerfrequenz mit ca. 280 Impulsen pro Sekunde moduliert wird, etwa eine Sechstelsekunde andauert und somit 40–50 Impulse ausgibt.

Durch das Erschlaffen der Muskeln am Pharynx wird die Luft durch den Saugrüssel wieder nach außen befördert, wobei ein weiterer Laut in der gleichen Frequenz erzeugt wird. Da der Epipharynx nicht schwingt und somit ein gleichmäßiger Luftstrom entsteht, ist dieser nur eine Sechzehntelsekunde andauernde Ton nicht moduliert und schwächer, ähnelt einem pfeifenden Geräusch, wogegen der Hauptton während des Luftansaugens lauter ist und kratzender klingt (Reinhardt & Harz 1996).

Über die Geräuscherzeugung des Totenkopfschwärmers haben u. a. auch Roger Morse und Ted Hooper 1985 in ihrer »Illustrierten Enzyklopädie der Bienenhaltung« geschrieben:

»[...] berichten, dass die Schwingung des Epipharynx einen gepulsten Ton von etwa 280 Impulsen pro Sekunde für eine Dauer von etwa 80 Millisekunden (80 Tausendstel einer Sekunde) erzeugt, gefolgt von einer kurzen Pause von 20 Millisekunden, bevor der Epipharynx nach oben gehalten wird, sodass die Luft herausgeblasen werden kann – wodurch das berühmte Quietschen der Motte entsteht. Es dauert nur 40 Millisekunden und ist ein sehr hoher Ton von ca. 6 kHz – oberhalb des Hörbereichs vieler Menschen, aber Kinder und gut hörende Erwachsene können ihn normalerweise wahrnehmen. Die Motte führt bis zu sechs dieser ›Quietsch-Zyklen‹ in nur einer Sekunde aus, was sich allerdings verkürzt, wenn die Motte müde wird.«

5.1.6 Besondere Merkmale der Falter der *Acherontia*-Arten

Abb. 5.19: Die drei *Acherontia*-Arten lassen sich anhand ihrer Thoraxzeichnung relativ leicht unterscheiden, hier schematisch die von *Acherontia atropos* (a), *A. lachesis* (b) und *A. styx* (c). Grafik: D. Veit.

Acherontia atropos (Linnaeus, 1809)

Mit einer Flügelspannweite von 90–115 mm (Männchen) bzw. 100–125 mm (Weibchen) ist *A. atropos* die größte in Europa auftretende Schwärmerart und zählt zu den größten hier vorkommenden Schmetterlingen (Abb. 5.15). In Mitteleuropa aufgewachsene weibliche Falter können eine maximale Flügelspannweite von bis zu 130 mm erreichen und sind in der Regel größer als die aus dem Süden zugewanderten Falter (mit ca. 110–120 mm Flügelspannweite).

Der vollständig dicht beschuppte, längs-ovale Körper kann bis zu 60 mm lang werden und hat einen Durchmesser von ca. 20 mm. Mit einem Gewicht von 2–6 g bleiben die Männchen hinter den schwergewichtigeren Weibchen (3–8 g) zurück.

Die Antennen (Abb. 5.5) sind beim Männchen mit 10–14,5 mm nur unwesentlich länger als die 10–13 mm langen Antennen der Weibchen. Der Saugrüssel (Abb. 5.6 und 5.7) ist mit einer Länge von 12–18 mm für Schwärmer ungewöhnlich kurz geraten, aber bei allen drei Arten der Gattung *Acherontia* sehr breit (an der Basis 0,75–1,25 mm) und stabil. Während bei den meisten Schmetterlingsarten der Saugrüssel zwecks Nektaraufnahme lang und röhrenförmig ausgebildet ist, erscheint er bei *Acherontia* dagegen bandförmig und füllt auch nur die Hälfte der Rüsselscheide aus. Am Rüsselapex sitzen kleine Zähnchen an, die Spitze am Rüsselende ist beweglicher als bei den anderen saugenden Schwärmern.

An den Schienen (Tibien) der Vorderbeine (Abb. 5.9) befindet sich innerseits eine mit Borsten besetzte, schwammig wirkende Platte (sog. Putzschuppe). Zur Reinigung der Antennen werden diese zwischen dem Plättchen der Putzschuppe und der Tibia hindurch gezogen.

Vorkommen: Mittelmeerraum, Nordafrika, Vorderasien, im Sommer bis nach Nordeuropa wandernd. (Siehe Kap. 7.1)

Acherontia lachesis (Fabricius, 1798)

Die Körpermerkmale ähneln denen von *A. atropos* und unterscheiden sich wie folgt: Die Flügelspannweite der Falter beträgt 100–132 mm. Die Hinterflügel sind schwarz und gelb gefärbt. Die Raupen (L3) werden 95–125 mm lang und ca. 15 mm breit; die Puppe ist 57–87 mm lang und etwa 14 mm breit. Allgemein gilt *Acherontia lachesis* als größte Art der Gattung und ist häufig auch etwas kräftiger gefärbt als die anderen Vertreter der *Acherontia*.

Vorkommen: Nahezu in der gesamten Orientalis von Indien, Pakistan, China und Nepal bis zu den Philippinen, ferner vom südlichen Japan und dem Süden des östlichen Russlands bis nach Indonesien. Auch ein Vorkommen auf Hawaii ist dokumentiert.

Acherontia styx Westwood 1847

Die Körpermerkmale ähneln denen von *A. atropos*, die Flügel haben aber eine Spannweite von 89–130 mm und die Länge der Raupen (L3) beträgt 90–120 mm bzw. die der Puppen 50–60 mm.

A. styx unterscheidet sich von *A. atropos* besonders durch die differenzierte Färbung und Zeichnung der Imago. So trägt *A. styx* zwei Binden statt einer mittigen Binde auf der Unterseite der Vorderflügel. Auf der Mitte der Vorderflügel befindet sich ein orange (bei *A. atropos* weiß bis gelb) gefärbter rundlicher Fleck und die »Totenkopf«-Zeichnung auf dem Thorax ist bei *A. styx* dunkler gefärbt als bei *A. atropos*. Außerdem findet sich bei *A. styx* jeweils auf der Oberseite der gelb gefärbten Hinterflügel im Analwinkel ein schwach bläulicher Fleck, der von der Submarginalbinde umschlossen wird.

Bei seiner Farbvariation *A. styx crathis* (Rothschild & Jordan 1903), die als Synonym für *A. styx medusa* gilt, fehlen auf der Unterseite des Hinterleibes die bei *A. atropos* vorhandenen schwarzen Segmentbinden.

Die Flügel und besonders die Extremitäten sind etwas schmaler und nicht so kräftig gebaut wie bei *A. atropos*. Auch der Saugrüssel ist nicht so breit und kräftig ausgebildet, dafür aber deutlich länger. Auf dem Hinterleib sind die dunklen Binden dorsal nicht ganz so breit ausgeprägt wie bei *A. atropos* und fehlen bauchseitig entweder völlig oder sind nur als unregelmäßige Flecken gestaltet. Die Augen reflektieren bei *A. styx* nachts bzw. bei Dunkelheit in heller violetter Farbe; bei *A. atropos* erscheint die Lichtreflektion eher in hellroter Farbe.

Vorkommen: Vom Norden Zentralchinas, dem Westen Chinas und dem Norden Thailands ist die Nominatunterart nach Westen über Myanmar, Indien, Nepal, Pakistan und den Iran bis nach Saudi-Arabien und den Irak verbreitet. Die Unterart *A. s. medusa* lebt vor allem im Osten Asiens und Nordosten Chinas sowie auf den Inseln des Indonesischen Archipels von Borneo, Sumatra und den Philippinen östlich bis zu den Molukken.

Über Aberrationsbildung bei *Acherontia atropos* L. (und *Herse convolvuli* L.) durch ein mechanisches oder thermisches Trauma hat Fritz Skell schon im Jahr 1929 geschrieben (Skell 1929). Die Ausdrücke Variation (var.) und Aberration (ab.) wurden in der Vergangenheit so vielfältig, unterschiedlich und unklar gebraucht, dass deren Verwendung heute nicht mehr relevant ist. Solche Abweichungen werden nun als Form (= forma, abgekürzt f.) bezeichnet. So heißt beispielsweise die rötliche, häufigere Form des kleinen Schillerfalters *Apatura ilia* f. clytie Schiffermüller & Denis, 1775. Zweifellos namensberechtigt sind jahreszeitlich bedingte Abweichungen (Saisondimorphismus). So trägt z. B. die im Frühjahr fliegende Nominatform des Landkärtchens den Namen *Araschnia levana* L. und die im Sommer fliegende, stark abweichende 2. Generation die Bezeichnung *Araschnia levana* gen. aest. prorsa L. (= generatio aestivalis – Sommergeneration). Die Bezeichnung als Form, also in diesem Falle als f. prorsa, ist ebenso zulässig.

Zur Sicherung der wissenschaftlichen Benennung und zur Erlangung allgemein gültiger Richtlinien wurden international anerkannte Nomenklaturregeln festgelegt.

5.2 Eier, Raupen und Puppen der *Acherontia*-Arten

5.2.1 Eier

Die Eier der Schmetterlinge gehören zu den komplexesten der Insekten, es gibt eine enorme Formenvielfalt, sie variiert von schmal, spindelförmig, oval, kugelig, halbkugelig, flach zylindrisch bis nieren- oder linsenförmig. Nur selten sind die Eier glatt, es gibt eingedellte, gerippte, sternförmige oder mit verschiedenen Ornamenten versehene, gezackte und behaarte Eier, wobei das Muster auf den verschiedenen Oberflächenstrukturen grundsätzlich regelmäßig ist. Allgemein teilt man die Eier in zwei Hauptgruppen ein: die flachen und die aufrechtstehenden Eier.

Die harte Eischale (Chorion) besitzt eine nabelförmige Ausbuchtung (Mikropyle), durch diesen Kanal dringen die Spermien bei der Befruchtung in die Eizelle ein. Die Sauerstoffversorgung erfolgt durch Poren (Aeropylen), außerdem befinden sich im Ei auch luftgefüllte Kammern. Die Mikropyle ist mit einer Netz- oder Blattstruktur umgeben, die die sogenannte Mikropylarzone formt und so charakteristisch für die Arten ist, dass sie zur Artbestimmung der entsprechenden Schmetterlinge beitragen kann. Auch die Eifärbung ist bei den Schmetterlingen sehr mannigfaltig und variiert im Verlauf der Eientwicklung, meist sind die Eier anfangs hell und verdunkeln sich bis zum Schlüpfen der Raupen.

Merkmale der Eier von *A. atropos*

Die schwach ovalen, 1,5–1,7 mm breiten und 1,7–1,9 mm langen Eier sind matt hellgrün oder blau-gräulich gefärbt. Die überaus feine polygonale Netzstruktur auf der sehr elastischen Eioberfläche ist nur bei starker Vergrößerung erkennbar. Die Eier verfärben sich mit der Entwicklung der Embryonen nach und nach dunkler, von gelblich zu gelb, und sind ca. 2 Tage vor dem Schlupf der Raupe etwas eingedellt. Die Entwicklung im Ei ist meist nach 3–5 Tagen abgeschlossen und dauert bei ungünstigen Bedingungen etwas länger, jedoch weniger als 14 Tage. Nach dem Schlupf der Raupe ist die leere Eihülle bläulich-weiß gefärbt.

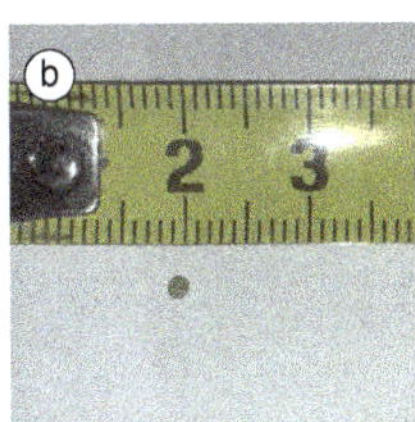

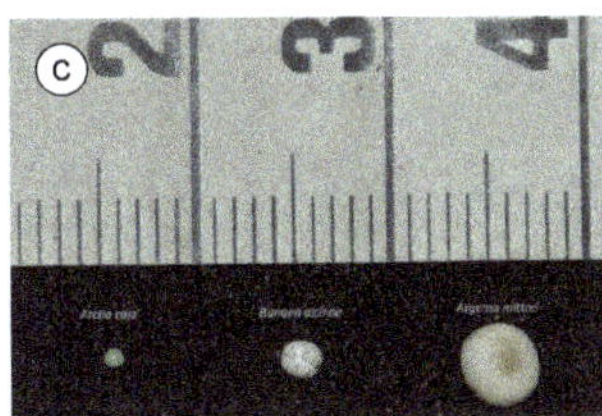

Abb. 5.20: Eier von *Acherontia atropos* (a, b). Vergleich der kleinsten und größten Schmetterlingseier. Fotos: a: AHS, b: S. Schorn, c: I. El.

Merkmale der Eier von *A. lachesis*

Die ca. 1,7 mm breiten und 1,9 mm langen Eier von *A. lachesis* sehen den Eiern von *A. styx* sehr ähnlich, allerdings verläuft die Embryonalentwicklung (unter gleichen Bedingungen) etwas schneller als bei *A. styx* und *A. atropos.*

Merkmale der Eier von *A. styx*

Die 1,2 mm breiten und 1,5 mm langen blassgrünen Eier haben eine glatte, glänzende Oberfläche. Kurz vor dem Schlupf verfärben sie sich gelblichgrün. Unbefruchtete Eier der Totenkopfschwärmer sind meist etwas kleiner und verfärben sich nach der Ablage braun und schließlich schwarz.

5.2.2 Anatomie und Morphologie der Raupen

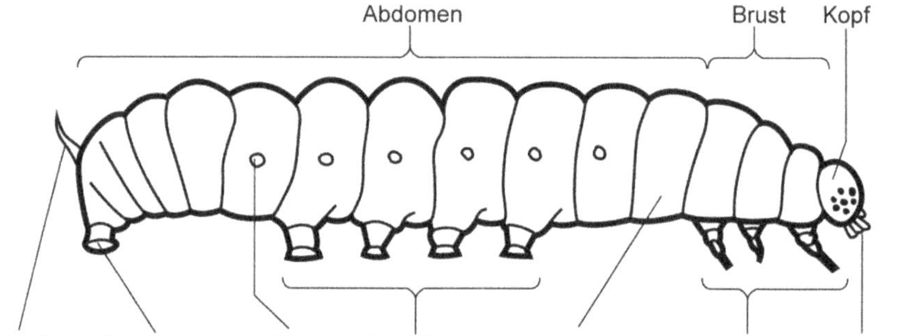

Abb. 5.21: Körpergliederung der Raupe. Grafik: D. VEIT.

Der Körper der Raupen (Larven) gliedert sich in den großen Kopf (Epicranium), den kurzen Brustbereich (Thorax) und den langen Hinterleib (Abdomen).

An der harten Kopfkapsel (Epicranium) sitzen ventral die Mundwerkzeuge, daneben ein Paar kurzer Antennen und sechs laterale einfache Augen (Stemmata). Auf der Stirn zieht sich median ein kurzer Streifen entlang, der sich teilt und beidseitig bis zu den Mundwerkzeugen hinunterführt, sodass ein auf den Kopf gestelltes »Y« zu erkennen ist. Neben den kräftigen Kiefern (Mandibeln), die oberseits vom sogenannten Labrum und unterseits vom Labium begrenzt werden, sitzt außen ein kurzes Paar Kiefertaster (Maxillarpalpen), die zum Ertasten und Festhalten der Nahrung dienen.

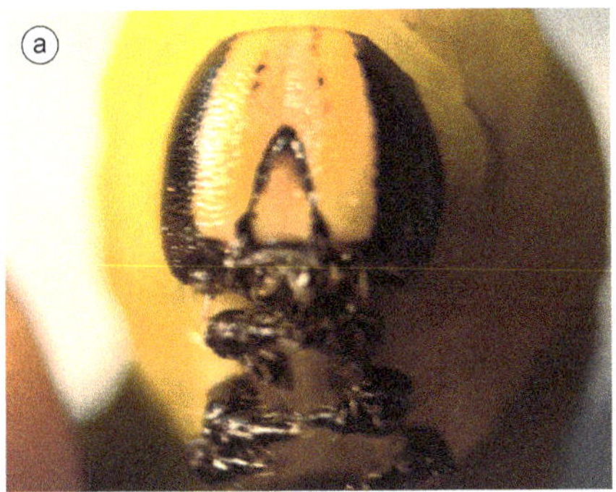

Abb. 5.22: Kopfporträts der Raupe von *Acherontia atropos* (rechts die braune Farbvariante). Fotos: S. Schorn

Der kurze, muskulöse Brustabschnitt (Thorax) gliedert sich in drei Segmente, die Vorder-, Mittel- und Hinterbrust (Pro-, Meta- und Mesothorax) und trägt jeweils ein Paar »echter«, segmentierter Beine. Der langgestreckte rundliche Hinterleib gliedert sich in zehn Segmente, auf denen sich lateral (mit Ausnahme der letzten beiden Segmente) die schwarz umrandeten Atemöffnungen (Stigmen, Spiraculi oder Narben) befinden.

Vom dritten bis zum sechsten Segment des Hinterleibes sitzen bauchseitig vier Paar sog. Bauchbeine (Prolegomena), am letzten Segment befindet sich ein Paar der sogenannten »Nachschieber« (Analprolegomena). Diese »unechten« fleischigen Beine tragen sehr muskulöse Haftkissen mit einem Hakenkranz am Ende und befähigen die Raupe damit, sich extrem gut festhalten zu können (3 Paar Brust-, 4 Paar Bauchbeine und 1 Paar Nachschieber, d. h. insgesamt 16 Füße).

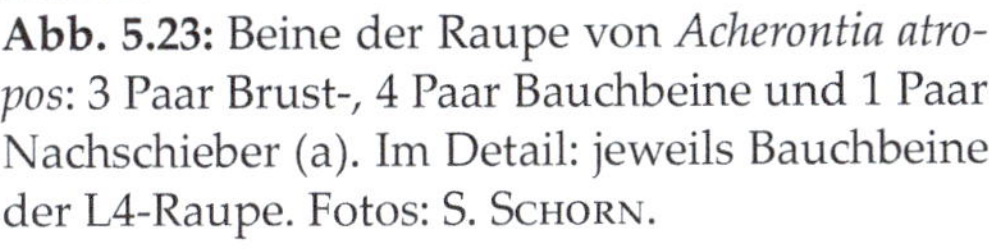

Abb. 5.23: Beine der Raupe von *Acherontia atropos*: 3 Paar Brust-, 4 Paar Bauchbeine und 1 Paar Nachschieber (a). Im Detail: jeweils Bauchbeine der L4-Raupe. Fotos: S. Schorn.

Das schlauchförmige Herz pumpt die Hämolymphe (das »Blut«) in einem offenen Kreislauf durch den Körper. Die Atmung erfolgt über ein röhrenförmiges, verzweigtes Tracheensystem, das den Sauerstoff über Atemöffnungen (Stigmen) lateral am Thorax und den Abdominalsegmenten in den Körper leitet. Das Nervensystem ist ähnlich wie bei den Imagines (Faltern) aufgebaut, wogegen das schlauchförmige Verdauungssystem bei den Raupen, die letztendlich das Fressstadium der Schmetterlinge sind, durch die größere Nahrungsmenge eine wesentlich wichtigere Aufgabe erfüllt.

Die lateralen Spinndrüsen zur Produktion von Seidenfäden befinden sich in der Kopfkapsel und werden von den Raupen des Totenkopfschwärmers im 1. und 2. Larvenstadium (L1–L2) ggf. zum Abseilen bei Gefahrensituationen genutzt. Andere Schmetterlingsarten verwenden sie beispielsweise zum Zusammenkleben von Seidennetzen, Blättern oder anderen Pflanzenteilen als Fraß- oder Schutzbehausung oder zum Aufhängen bzw. Befestigen der Puppe.

Die Raupen von *Acherontia* treten im Wesentlichen in drei unterschiedlichen Grundfärbungen auf, wovon die grün-gelbliche am häufigsten, die gelb-orange etwas weniger häufig und die braun-gräuliche allgemein am seltensten ist. An Futterpflanzen mit grünen Blättern ist hauptsächlich die grüne Farbvariante der Raupen anzutreffen, besitzen die Futterpflanzen gelbliche Blätter, sind daran vorwiegend Raupen in der gelben Farbvariante vorzufinden. Neben der Farbe der Blätter der Futterpflanzen tragen auch die jeweilige Jahreszeit bzw. vorherrschende Temperatur und relative Luftfeuchtigkeit (rF) zur Farbentwicklung der Raupen bei.

Diese Farbanpassung an die unmittelbare Umgebung ist von den Larvenstadien vieler anderer Insekten bekannt. Unter Terrarienbedingungen ist eine Farbveränderung bei unterschiedlichen Haltungsparametern jedoch nicht zu erkennen, sodass die Farbvariationen der Raupen genetisch bedingt zu sein scheinen.

Abb. 5.24: Gelbe, graubraune, gelbgrüne, braune und die seltene blaue Farbvariante von *Acherontia atropos*. Im Detail: Hautstruktur (f) und Stigmen (g) einer L5-Raupe. Wenn man die Stigmen als »Augen« deutet, täuschen sie optisch eine Reihe von Singvogelköpfen vor. Fotos: a, b, e: J. Haxaire, c, d, f, g: S. Schorn.

Merkmale der Raupen von *A. atropos*

L1: Direkt nach dem Schlupf weisen die etwa 6 mm langen und spärlich behaarten Raupen eine matte hellgelbliche Färbung auf. Der Durchmesser der ebenso gefärbten Kopfkapsel misst etwa einen Millimeter. Das Analhorn (oder »Schwänzchen«) ist mit 2,6–2,8 mm Länge im Verhältnis zur Körperlänge recht groß, es nimmt 1–2 Stunden nach dem Schlupf eine schwarze Färbung an und trägt eine gegabelte Spitze. Nach Beginn der Nahrungsaufnahme verfärbt sich der Körper grün und erreicht vor der ersten Häutung eine durchschnittliche Körperlänge von 12 mm. Die erste Häutung erfolgt bei Temperaturen um die 20–25 °C. nach etwa 2–3 Tagen.

Abb. 5.25: Ei und frischgeschlüpfte L1-Raupe von *Acherontia styx* (a). Mit der ersten Nahrungsaufnahme färben sich die noch blassen L1-Raupen von *A. atropos* grünlich (b). Foto: a: S. Schorn, b: AHS.

L2: Die L2-Raupen sind ca. 12–17 mm lang und gelblichgrün bis grün gefärbt. Die 1,5–1,6 mm breite Kopfkapsel und besonders der Thorax sind mit feinen hellen dornförmigen Tuberkeln und Körnchen besetzt. Nach und nach bildet sich die typische Körperzeichnung mit den sieben seitlichen Schrägstreifen heraus. Das dunkle, 4–5 mm lange Analhorn oder »Schwänzchen« ist meist gerade oder nur schwach gebogen und läuft in ein oder zwei Enden aus, dabei wirkt es im Vergleich zum Körper noch recht lang.

Abb. 5.26: L2- und L3-Raupe von *Acherontia atropos* auf einer 1-Eurocent-Münze (c). L3-Raupe von *A. atropos* kurz nach der Häutung (a) und im Größenvergleich mit einem Streichholz (b). Fotos: a, b: AHS, c: S. Schorn.

L3: Im dritten Larvenstadium nach der zweiten Häutung haben die gelblich bis gelbgrün gefärbten Raupen eine Körperlänge von 18–30 mm erreicht, die Kopfkapsel ist ca. 2,8 mm breit. Auf dem Hinterleib bildet sich nun die typische v-förmige Zeichnung immer deutlicher heraus. Die markanten, unterseits weißen und oberseits gelben Schrägstreifen treffen dorsal nahezu zusammen. Zwischen dieser Zeichnung befinden sich dunkelgrüne bis bläuliche Schrägstreifen. In der dorsalen Ansicht sind somit sieben v-förmige Zeichnungen zu sehen. Die warzenähnlichen Tuberkel am Thorax und das zum ein-, seltener zweispitzigen Ende hin gekrümmte Analhorn sind nun deutlich dicker als in den vorherigen Larvenstadien ausgebildet. Das von der Basis bis etwa zur Mitte häufig dunkler gefärbte Analhorn wirkt gelartig und ist mit verhärteten dornenförmigen Tuberkeln besetzt.

Abb. 5.27: Das Analhorn sieht (ab dem L3-Stadium) dem Nektarstempel einer Aronstab-Pflanze recht ähnlich. Fotos: S. Schorn, J. Morisse.

L4: In der Regel haben die Raupen eine gelbe oder grüne Grundfarbe (türkisgraue oder braune Farbvarianten kommen seltener vor). Am Hinterleib sind die Schrägstreifen gelb und blau bis violett-blau gefärbt, der Thorax besitzt keine Zeichnung und ist dorsal hell geborstet. Die Thorakalbeine sind tiefschwarz und mit feinen Warzen weiß punktiert, die Bauchfüße hingegen weisen die gelbe (beziehungsweise grüne oder türkisgraue) Grundfärbung auf. Am Kopf verlaufen seitlich zwei tiefschwarze Streifen, die von der Stirn aus etwas auseinanderzeigen und irrtümlich als Augen gedeutet werden. Auf dem Hinterleib sind dorsal zahlreiche kleine dunkelviolette bis dunkelblaue Punkte zu sehen. Das gelbe, etwa 6–7 mm lange und s-förmig gekrümmte Analhorn trägt auffällige Tuberkel.

Mit Abschluss der dritten Häutung, nach etwa 3 Wochen, haben die Raupen eine Körperlänge von etwa 40–45 mm, seltener bis zu 50 mm. Die Kopfkapsel ist ca. 4,2–4,5 mm breit. Durchschnittlich wiegen die L4-Raupen vor der letzten Häutung etwa 4 Gramm. Im weiteren Verlauf der Entwicklung werden nun markante, unterseits weiße und oberseits etwas breitere gelbe Schrägstreifen ausgebildet, die sich beiderseits jeweils v-förmig am Rücken treffen. Zwischen diesen Zeichnungen befinden sich breite dunkelgrüne bis bläuliche (seltener graubraune) Schrägstreifen.

L5: Nach jeder Häutung dauert es eine kurze Zeit, bis sich die neue Körperfärbung ausgebildet hat. Der Kopf und die Mundwerkzeuge sind schwarz gefärbt, seitlich am Kopf ziehen sich von der Stirn zwei tiefschwarze Streifen, die sich nach unten verlaufend etwas verstärken und auseinanderstreben, wodurch die Form an ein auf dem Kopf stehendes »V« erinnert. Die Grundfärbung zeigt sich wie eingangs erwähnt in drei Farbvarianten (gelb, grün oder türkis-grau), deutlich seltener treten dunkelbraune Farbvarianten auf. Die typische V-Zeichnung am Hinterleib ist dorsal blau bis violett und ventral (bauchseitig) leuchtend hellgelb umrandet. Im Gegensatz zu den vorangegangenen Larvenstadien erscheint die Körperoberfläche im fünften Larvenstadium nun glatt. Die schwarz gefärbten Stigmen treten deutlich hervor. Zahlreiche schwarze und/oder dunkelviolette Punkte verteilen sich (besonders dorsal) auf dem Hinterleib. Nach wie vor sind die Thorakalbeine schwarz gefärbt und tragen feine weiße Warzen, wogegen die Bauchfüße die gelbe (beziehungsweise grün oder türkis-graue) Grundfärbung besitzen. Zum Ende des Larvenstadiums verfärben sich die Raupen dunkler und sind orange-bräunlich, bevor die aktive Nahrungsaufnahme eingestellt wird und sich die Raupe zum Verpuppen ins Erdreich eingräbt. Das für die Art charakteristische wulstig gelbe Analhorn ist etwa 5–7 mm lang, mit auffälligen Tuberkeln grob bestachelt und meist deutlich s-förmig gekrümmt.

Im fünften und letzten Raupenstadium haben die Raupen eine Länge von etwa 50–70 mm und erreichen bis zur Verpuppung ca. 120–130 mm (im ausgestreckten Zustand bis 150 mm Körperlänge) und ein Gewicht von ca. 18–23 Gramm. Die Kopfkapsel misst 7–8 mm Breite.

Der Entwicklungszyklus, d. h. die Entwicklung vom Ei nach der Eiablage über die Raupen bis zur Verpuppung und dem Schlupf des Falters, erstreckt sich über einen Zeitraum von 12 Wochen.

Abb. 5.28: Körperwachstum bei *Acherontia atropos*: Kaum erkennbar: eine L1-Raupe auf dem Abdomen eines Falters (a). L2-, L3-, L4- und L5-Raupen nebeneinander (b). L4-Raupe im Größenvergleich mit einem Streichholz (c) und L5-Raupe auf einer Hand (d). L5-Raupe im Größenvergleich mit einem Streichholz (e) und kurz vor der Verpuppung (f). Fotos: a, b: S. Schorn, c, e, f: AHS, d: J Morisse.

Merkmale der Raupen von *A. lachesis*

Direkt nach dem Schlupf weisen die L1-Raupen (einschließlich Kopf und Analhorn) eine blassgelbe Grundfärbung auf, während in den späteren Stadien Kopfkapsel (Caput), Körper und Analhorn grün sind. Das lange Analhorn verläuft gerade und endet in einer Doppelspitze. Die blassgelben Schrägstreifen bilden sich nach und nach heraus, ebenso die spitzen Tuberkel, die ab dem vierten Stadium (L4) deutlich auftreten. Ab dem dritten Stadium (L3) wird offensichtlich, welche der drei Farbvariationen (grün, grau oder kanariengelb) sich durchsetzen wird. Der Kopf hat nach der vierten Häutung eine glänzende Oberfläche und trägt einige kleine, durchsichtige Tuberkel, die von weiteren, sehr kleinen Tuberkeln umgeben sind. Ab dem siebenten Segment verjüngt sich der Körper nach hinten geringfügig. Der Rücken ist auf dem Thorax nach oben hin leistenförmig erweitert. Die Körperoberfläche des Abdomens erscheint matt und glatt. Das lange Analhorn ist an der Basis breit und verjüngt sich anfangs wenig, zur Spitze hin stark. Die basale Hälfte ist ein wenig nach unten, die zweite Hälfte stark nach oben gekrümmt, sodass dadurch ein kompletter Ring geformt werden kann. Die Oberfläche des Analhorns erscheint glänzend und ist mit großen, kegelförmigen Tuberkeln besetzt.

In der bräunlich-grauen Farbvariante haben die Raupen einen dunkelbraunen oder schwarzen Kopf mit einem blassbraunen oder weißen Subdorsalstreifen und einem ähnlichen weiteren Streifen, der das Gesicht vom Kinn trennt, beide Streifen treffen sich nahe dem Scheitel.

Der Entwicklungszyklus von *A. lachesis* umfasst ca. 10 Wochen.

Merkmale der Raupen von *A. styx*

L1: Direkt nach dem Schlupf sind die 5 mm langen Raupen gelblichgrün gefärbt, das lange Analhorn ist schwarz und an der Spitze gegabelt.

L2: Nach der ersten Häutung treten die seitlichen Streifen und zahlreiche weiße Tuberkel auf dem Hinterleib auf. *A. styx* entwickelt sich unter Idealbedingungen äußerst rasch, der Entwicklungszyklus dauert dann nur 10 Tage. Die Raupen kommen in drei Farbvarianten vor (mit gelber, grüner oder brauner Grundfärbung), die immer erst ab dem vierten Larvenstadium (L4) deutlich ausgeprägt sind. Im letzten Raupenstadium (L5) sehen sie den Raupen des *A. atropos* sehr ähnlich, jedoch ist das Analhorn weniger stark gekrümmt und an der Spitze nicht in die Gegenrichtung gebogen. Als ein weiteres Unterscheidungsmerkmal können die Punktzeichnungen der beiden Arten verglichen werden. So sind die Raupen von *A. st*yx dorsal auf der hinteren Hälfte eines jeden Segmentes stärker dunkelblau gepunktet.

L5: Die Raupen sind etwa 90 mm lang und erreichen bis kurz vor der Verpuppung eine Körperlänge von gut 120 mm. Raupen mit gelber Grundfärbung besitzen einen grünen Kopf und sind ansonsten mit der gleichen Zeichnung und

Musterung versehen wie bei der grünen Farbvariante. Bei Raupen in einer grünen Körpergrundfarbe ist der Kopf dunkelgrün gefärbt und trägt (wie auch bei der gelben Farbvariante) einen breiten, schwarzen Streifen auf den Wangen. Das zweite bis vierte Körpersegment ist hellgrün, der restliche Körper grasgrün gefärbt. Die Thorakalbeine sind schwarz, die Bauchbeine beziehungsweise Nachschieber hingegen grün gefärbt. Vom fünften bis elften Segment sind dorsal und lateral dunkelblaue Punkte ausgebildet. An den Seiten der Hinterleibssegmente (Abdominalsegmente) verlaufen sieben scharf abgegrenzte Schrägstreifen, die auf der Oberseite dunkelblau gefärbt sind. Jeder dieser Schrägstreifen reicht nahe dem Rücken auf das folgende Segment nach hinten, der letzte Schrägstreifen am elften Segment bis an die Basis des Analhorns. Die blaue Färbung ist zum Schrägstreifen hin scharf abgegrenzt und läuft nach oben diffus aus. Das Analhorn ist kanariengelb gefärbt, die Analklappe grün und gelb gerändert. Die gelblichweißen ovalen Stigmen sind mittig schwarz gefärbt und bräunlichgrün gerändert. In der braunen Farbvariation besitzen die Raupen einen ockerfarbenen Kopf mit einem dunkelbraunen Streifen in der Wangenregion. Vom zweiten bis vierten Hinterleibssegment befindet sich dorsal ein schwarzer breiter, darunter auf den Seiten jeweils ein weiterer breiter ockerfarbener Streifen. Hinter den Stigmen ist ein braun gepunkteter und gestrichelter Bereich auf jedem Segment erkennbar. Auf dem zweiten Abdominalsegment befinden sich zusätzlich ein ovaler brauner Fleck beidseits des Rückens. Die seitlichen Schrägstreifen auf dem Hinterleib sind violett gefärbt, das Analhorn ockerfarben. Der Nachschieber ist braun, die Thorakal- und Bauchbeine sind schwarz gefärbt.

5.2.3 Puppen

Am Ende des letzten Larvenstadiums hört die Raupe auf zu fressen und sucht nach einem geeigneten Ort, um sich einzugraben und zu verpuppen. Der Verpuppungsprozess dauert einige Tage, die Puppenruhe je nach Bodenbedingungen bis zu mehrere Monate (siehe Kap. 6.8.1 und 6.8.2). In dieser Zeit findet die Metamorphose zum Schmetterling statt (siehe Kap. 6.8.3). Die im geschützten Erdreich liegende, zunächst noch helle und weiche Puppe verfärbt sich mit dem Aushärten der chitinösen Außenhaut innerhalb von wenigen Tagen dunkler. Die Puppe reagiert auf grobe Störungen, indem sie mit dem beweglichen unteren Teil, der in einer starren Spitze endet, wild hin und her schlägt. Die Puppe ist sogar zur Geräuscherzeugung fähig, wozu diese genau dient, ist noch nicht ausreichend erforscht. Die sog. Puppenruhe ist ein etwas irreführender Begriff, da sich die Larve während dieser Zeit in einem komplexen Vorgang nahezu völlig umgestaltet und sich unter der Puppenhaut zu einer anderen Lebensform entwickelt. Das »Wunder der Geburt« wird durch die Transformation von der Raupe zum Falter noch um ein Vielfaches übertroffen, läuft aber versteckter, im Körper der Puppe ab.

Merkmale der Puppe von *A. atropos*

Die sogenannte Mumienpuppe ist bei Männchen (1,0) 50–65 mm lang und wiegt ca. 7–10 g, bei Weibchen (0,1) sogar 65–70 mm lang und 7–12 g schwer. Während die frühe Puppe (Präpuppe) anfangs noch gelblich bis matt cremefarben und auf der Rückseite häufig leicht grünlich gefärbt ist, nimmt die Außenhülle beim Aushärtungsprozess eine dunklere und rotbräunliche Farbe an, im Verlauf von etwa 12 Stunden verfärbt sie sich mahagonifarben und ist dann stark glänzend. Der Kopfbereich ist dunkler bis schwarzbraun gefärbt. Unter dem Rasterelektronenmikroskop zeigt sich das zur Spitze ausgezogene hintere Ende der Puppe (Kremaster) als stark gefaltet und am siebten Segment sind einige wenige (mikroskopisch) kleine Senken mit Borstenhärchen in der Puppenhaut erkennbar. Der Hinterleib ist zwischen den hinteren Segmenten frei beweglich und endet in einem spitzen, stachelartigen Dorn, bei Berührungen reagiert er durch kräftiges Ausschlagen (vgl. auch Abb. 6.14 und 6.15).

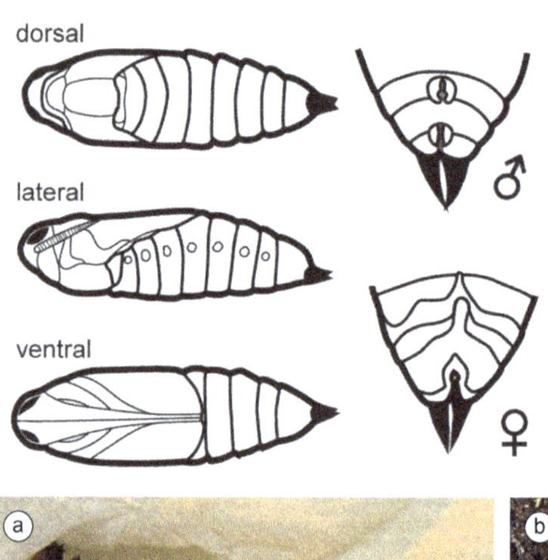

Abb. 5.29: Schema der Puppe von *Acherontia atropos:* von dorsal, lateral und ventral. Das Geschlecht ist bereits erkennbar. Grafik: D. Veit.

Abb. 5.30: Verpuppungsstadien von *Acherontia atropos*: Frische Puppe neben der alten L5-Larvenhaut (a) und rötlichbraun gefärbte Puppe (b). Fotos: a: AHS, b: J. Haxaire.

Merkmale der Puppe von *A. lachesis*

Die 57–87 mm langen und etwa 14 mm breiten Puppen weisen eine gedrungene Form mit einem stark abgerundeten Kopf auf. Sie sind dunkel kastanienbraun gefärbt, die Segmente 4, 5 und 6 und der Kremaster jedoch nahezu schwarz, ebenso die Stigmen. Im Gegensatz zu *A. styx* sind die Antennen etwas kürzer als die Vorderbeine. Der Saugrüssel steht auf der glatten und glänzenden Oberfläche der Puppe an der Basis deutlich hervor und trägt auf beiden Seiten eine Reihe mit zwölf kurzen, quer verlaufenden Leisten (ähnlich einer groben Feile). Von den Stigmen befinden sich auf den Seiten vom neunten bis elften Abdominalsegment parallele Leisten, die direkt am Stigma am größten sind und nach vorne kürzer werden. Am zweiten Segment ist das Stigma von einem schrägen Lappen, der aus dem verlängerten Vorderrand des dritten Segments entspringt, überdeckt. Der breit dreieckig geformte Kremaster ist dorsal grob längsgerunzelt. An dem Ende seiner Spitze befinden sich zwei kurze Zähnchen, die jeweils eine Borste aufweisen.

Merkmale der Puppe von *A. styx*

Die 50–60 mm langen Puppen sehen denen von *A. atropos* sehr ähnlich, die Mahagonifärbung erscheint aber blasser. Die Antennen sind etwas länger als die Vorderbeine und der dreieckig geformte Kremaster ist dorsal gerunzelt und endet an seiner Spitze in zwei Zähnchen, die jeweils eine Borste tragen.

6 Lebensweise der *Acherontia*

6.1 Wanderflüge, Flug- und Raupenzeiten

Unter den Schmetterlingen gibt es zahlreiche Arten, die große Distanzen zurücklegen können. Zu den bekanntesten Wanderfaltern zählt der amerikanische Monarchfalter (*Danaus plexippus*), der – wie die bei uns früher häufige Arten Distelfalter (*Vanessa cardui*) und Admiral (*Vanessa atalanta*) – zu den Tagfaltern gehört. Zu den »wandernden« Nachtfaltern zählen neben den *Acherontia* auch Windenschwärmer (*Herse convolvuli*), Oleanderschwärmer (*Daphnis nerii*), Linienschwärmer (*Hyles livornica*), Taubenschwänzchen (*Macroglossum stellatarum*) und weitere Arten.

6.1.1 Flug- und Raupenzeiten von *A. atropos*

Als ausgesprochener Wanderfalter unternimmt der Totenkopfschwärmer regelmäßig weite Wanderflüge. In Europa sind die ersten *Acherontia atropos* ab März/April, die meisten ab Mai anzutreffen, wo die vereinzelten Individuen, die dort als Puppe überwintert haben, gemeinsam mit den aus Afrika eingewanderten Faltern auftreten – eine Herkunftsbestimmung der Falter ist daher nur schwer möglich. Im Verlauf des Monats Juni wird die erste Einflugswelle schwächer, im August und September erfolgt dann die zweite Einflugswelle (de Freina & Witt 1987).

Die Anzahl der nach Süd- und Mitteleuropa sowie der wenigen sogar bis nach Nordeuropa eingewanderten Individuen ist stark schwankend. So folgen auf Jahre, in denen offenbar keine Wanderflüge unternommen werden, wieder Jahre, in denen die Falter regelmäßig und häufig auftreten. Im Allgemeinen werden Eier, Raupen und Puppen von *A. atropos* weitaus häufiger aufgefunden als deren Imagines. Gelegentlich treten seine Raupen regional auch in Massen auf, wie Berichte von Anfang bis Mitte des 19. Jahrhunderts dokumentieren.

Eine erfolgreiche Überwinterung der Puppen gelingt in unseren Breitengraden nur in milden Wintern. Bei länger anhaltenden Frostperioden sterben auch die tiefer im Erdreich liegenden Puppen ab. Weiterhin hat sich gezeigt, dass die meisten Nachkommen der eingewanderten und bei uns zur Entwicklung gelangten Falter unfruchtbar sind (Dierl 1975, S. 349).

Die Frage, warum *A. atropos* und andere Wanderfalter so weite und beschwerliche Reisen auf sich nehmen, obwohl die dauerhafte Besiedlung im nördlichen Verbreitungsgebiet trotz der allgemeinen Klimaerwärmung (noch) aussichtslos ist, konnte bisher nicht vollständig geklärt werden. Reichholf (2009) gibt die Sahel-Niederschläge als Ursache für die unterschiedliche Häufigkeit von Totenkopfschwärmern *A. atropos* L. in Mitteuropa nördlich der Alpen an. Studien über *A. atropos* L. als Wanderfalter wurden auch von Koch (1966) veröffentlicht. Daneben sind weitere Einzelursachen solcher Wanderflüge und auch die Tatsache, dass sie gelegentlich viele Millionen, manchmal aber nur wenige Falter umfassen, weitgehend ungeklärt.

Während des Fluges nach Norden reifen die Eier der Weibchen heran, und sobald die Eireifung abgeschlossen ist, ziehen die Falter nicht weiter, sondern setzen ihre Gelege ab.

Die im März/April eingewanderten Falter von *A. atropos* finden meist noch nicht ausreichend Kartoffelpflanzen vor, die die ab Juli eingewanderten Falter bevorzugen. Sie legen ihre Eier daher auf anderen Nahrungspflanzen der Raupen ab (z. B. Solanaceae, Liguster). Im Mai oder Juni auftretende Kälteeinbrüche (wie z. B. die sog. »Eisheiligen« oder die »Schafskälte«) dezimieren die Populationen in starkem Maße, wenn die Eier oder jungen Raupen in großer Anzahl erfrieren. Temperaturen, die über einen längeren Zeitraum unter 15 °C liegen, beeinträchtigen die Raupen, sie können allerdings etwa 6 Tage lang Nachttemperaturen zwischen 5 und 8 °C und Tagestemperaturen um 16 °C überstehen. Die Falter dagegen sind deutlich temperaturtoleranter und wurden selbst bei Schneetreiben in den Höhenlagen der Alpen beim Flug gesehen.

Bei günstigen Temperaturen von April bis Juni können sich die Raupen in Mitteleuropa in 4–5 Wochen entwickeln, sodass die ersten großen (L3-)Raupen und Präpuppen bereits ab Mitte bis Ende Juni auftreten. Im Durchschnitt benötigen die Raupen aber ca. 2 Monate für die postembryonale Entwicklung bis zur Präpuppe, und nach einem weiteren Monat der »Puppenruhe« tritt die erste (in Mitteleuropa geschlüpfte und entwickelte) Faltergeneration ab September hervor und wird durch die inzwischen eingewanderten Falter der zweiten Anflugswelle verstärkt.

Auch bei draußen im Freiland, Gewächshaus oder Insektarium und den im Haus im Terrarium, Flexarium etc. gepflegten *A. atropos* (siehe Kap. 12) verlaufen der Schlupf und die weitere Entwicklung der Raupen einer Generation zum Großteil (ca. zu 80–90 %) relativ gleichzeitig, doch einzelne oder wenige Raupen bleiben regelmäßig stark im Wachstum zurück. So ist es nicht ungewöhnlich, dass sich die meisten Raupen schon verpuppt haben, während sich zurückgebliebene (und meist anfälligere) Geschwister derselben Generation noch im zweiten Larvenstadium (L2) befinden und sich erst dann verpuppen, wenn die Metamorphose der nun schlüpfenden Falter schon länger beendet ist. Ob solche »zurückgebliebenen« Individuen aus genetisch bedingten oder strategischen (oder anderen) Gründen vorkommen, konnte bislang noch nicht eindeutig geklärt werden.

In Europa sind Raupen in der Regel von Juni bis September und Puppen von September bis Oktober anzutreffen, im afrikanischen Raum, z. B. auf Gran Canaria, finden sich Eier und Raupen bereits im Dezember und Januar.

6.1.2 Flug- und Raupenzeiten von *A. lachesis*

Die Falter fliegen je nach Verbreitung meist in einer oder – unter guten Bedingungen wie etwa in Hongkong – in mehreren Generationen pro Jahr. Sie treten beispielsweise in China je nach Region zwischen Mai und September auf, fliegen jedoch meist nur ein bis zwei Monate, wie etwa von Mai bis Juni in Guangdong oder im August in Jiangxi und Fujian. In Taiwan fliegt die Art von April bis Juni, in Japan im September, in Russland von August bis September und in Hongkong von März bis Oktober, mit Höhepunkten im April und Ende Juli bis August. In China treten die Raupen ab Mai bis September auf. *A. lachesis* wandert vom Verbreitungsgebiet China, Nord- und Südindien östlich bis zu den Molukken (Ceram, Amboina) und nur bis etwa zur Jangtse-Mündung (30 Grad n. Br.), außerdem konnte sich die Art auf Hawaii etablieren.

6.1.3 Flug- und Raupenzeiten von *A. styx*

A. styx, der im asiatischen Raum von Vorderasien bis in den Fernen Osten beheimatet ist, bevorzugt wie *A. atropos* die offene Kulturlandschaft und Steppen (Mell 1955). *A. styx* wandert nach Mell (1955) von 6 Grad n. Br. (Java, Sumatra) bis zu 30 Grad n. Br, zum Teil bis 48 Grad n. Br. (Ussuri-Gebiet). In ganz China tritt *A. styx* in zwei Generationen von Juni bis September als Raupe auf, die Falter fliegen von Mai/Juni bis August. In Korea reicht die Flugzeit der Falter von Juli bis Mitte September. Im Allgemeinen ist *A. styx* weniger wanderfreudig als *A. atropos* und *A. lachesis*.

6.2 Aktivitätszeiten der Totenkopfschwärmer

Neben den jeweiligen Flug- und Raupenzeiten der Totenkopfschwärmer, die besonders von der Jahreszeit und dem Klima beeinflusst sind, ist auch die Aktivitätszeit der Raupen und Falter von bestimmten äußeren Faktoren, speziell Licht, Temperatur und Luftfeuchtigkeit, abhängig. Es gilt als unbestritten, dass die Raupen und Imagines über eine Art »innere Uhr« verfügen, die sich trotz intensiver Forschung wissenschaftlich noch nicht vollends erklären lässt.

Die jungen Raupen (L1–L2) sind ein wenig agiler als die älteren Larvenstadien (L3–L5). Dennoch handelt es sich bei *Acherontia* um eine relativ lethargische und allgemein wenig aktive Gattung. Die größte Aktivitätszeit der Raupen ist tagsüber, wobei die langen Fressphasen von gelegentlichen Ruhe- und Häutungsphasen unterbrochen werden. Eine erhöhte Aktivität ist vormittags und in den frühen Abendstunden festzustellen; leichter Wind und eine geringe Luftfeuchtigkeit (> 60 % rF) wirken sich förderlich aus, wogegen sich die Raupen bei hoher Luftfeuchtigkeit (> 80 % rF), hohen Temperaturen und Windstille recht inaktiv verhalten. Die Wanderschaft der L5-Raupen zum Eingraben ins Erdreich findet meist in den späten Mittags- oder frühen Abendstunden statt.

Die dämmerungs- und nachtaktiven Falter reagieren empfindlich auf Licht; tagsüber befinden sich die Falter daher in einem inaktiven Ruhezustand. Mit Einbruch der Dämmerung beginnt die Flug- und größte Aktivitätszeit, die vorwiegend zur Nahrungs- und Partnersuche bzw. zur Fortpflanzung genutzt wird. In Mitteleuropa werden die Imagines nach Mitternacht ruhiger und zeigen dann bis in die Morgendämmerung hinein aktives Verhalten.

6.3 Nahrung der Falter

Die Nahrung der Falter besteht im Wesentlichen aus dem Honig und Nektar der Westlichen Honigbiene (*Apis mellifera*). Erstaunlicherweise werden die Totenkopfschwärmer bei ihren diebischen Beutezügen nur selten von den Wächtern am Eingang des Bienennestes attackiert. Das Bienengift macht den Faltern nur wenig aus, die durch ihre dicke Körperhülle zudem gut geschützt sind. Die Injektion einer Giftmenge, die vier Bienenstichen entspricht, überlebten die Falter in Versuchen unbeschadet.

Abb. 6.1: *Acherontia*-Falter ernähren sich hauptsächlich von Bienenhonig. Foto: S. Schorn.

In »Grizmeks Tierleben – Enzyklopädie des Tierreichs« beschreibt Dierl die Lauterzeugung von *A. atropos* zur Besänftigung von Bienen noch wie folgt: »Damit die Bienen nun nicht gleich über den Räuber herfallen, stößt er zirpende Laute aus, die er durch Luftsaugen in seinem Kopf erzeugt. Diese Geräusche üben die gleiche Wirkung aus wie gewisse Töne der Bienen selbst, die sie von sich geben, um gegenseitig ihre Angriffslust zu hemmen. Der Totenkopfschwärmer macht sich also durch sein Zirpen die angriffshemmenden Bienen zunutze. Trotzdem gelingt es ihm nicht immer, den Ausgang des Bienenstockes wiederzufinden. Schließlich erdolchen die Bienen dann den Eindringling, und später findet der Imker seine wachsummantelte Leiche.« (Dierl 1975, S. 349)

Früher wurde also angenommen, dass die Bienen durch die Pfeifgeräusche der *Acherontia* besänftigt werden. Aber es wurden auch Beobachtungen beschrieben, die von der Wehrhaftigkeit der Bienen zeugen: Im Jahr 1901 machte der Kurator des Museums für Meeresbiologie in Rovigno (Istria) eine Entdeckung, die von Alfred Bunbury in der Ausgabe von »The Field« vom 7. Dezember 1901 wie folgt wiedergeben wurde: »Im zweiten Stock eines Hauses neben dem zoologischen Museum befindet sich ein Fenster, dessen hölzerne Fensterläden seit Langem geschlossen waren. Daher [...] war das alte Holz voller Risse, und Dr. Hermes, der Kurator des Museums, bemerkte, dass ein Bienenschwarm in dem Hohlraum zwischen dem Fenster und den Fensterläden einen Bienenstock gebaut hatte. Neugierig, das Werk der Bienen zu betrachten, kletterte er am 1. Oktober zum Fenster hinauf und fand es zu seinem Erstaunen voller Totenkopfmotten (*Acherontia atropos*). Die Motten, die sehr gern Honig fressen, hatten es entweder nicht geschafft, aus den Ritzen, durch die sie eingedrungen waren, wieder herauszufinden, oder sie hatten zu viel gegessen oder sich in einem der Räume verirrt. Dr. Hermes und sein Assistent gelangten durch einen anderen Eingang in den Raum und entfernten eine lose Lade des Fensters. Sie fanden eine große Anzahl Motten, die an den Wänden hingen oder auf dem Boden lagen. Viele waren tot und offensichtlich von Bienen getötet worden, die unter ihre Flügel gelangt waren. Jene Motten, die noch lebten, waren schwer verletzt. Mehr als hundert dieser Tiere wurden an diesem Tag entnommen, in den Folgetagen jeweils fünf oder sechs weitere Exemplare. Am 13. Oktober, dem Tag, an dem er nach Berlin gerufen wurde, war Dr. Hermes überzeugt, dass er den letzten Gefangenen befreit hatte.« Doch wenig später erfuhr er aus einem Telegramm, dass weitere Falter den Bienen zum Opfer gefallen waren.

Sobald ein Acherontia-Falter die Wächter am Eingang des Bienenstocks passiert hat und ins Bienennest eingedrungen ist, verharrt er zunächst ruhig auf den Waben sitzend. Von den Arbeiterinnen hat er kaum eine Abwehr zu befürchten. Trotz des gewaltigen Größenunterschiedes erkennen die Bienen den nächtlichen Eindringling nicht als solchen, sondern sehen ihn – aufgrund einer chemischen Tarnung – als Artgenossen an.

Abb. 6.2: »Sieht aus wie eine Biene ...«. Karikatur von DEVON HENDERSON.

Mit schwirrenden Flügeln klettert der Falter schließlich auf den Waben umher und schüttelt die Bienen, die ihm im Wege sind oder auf ihn klettern, mit Körper- und Flügelbewegungen ab. Mit den Vorderbeinen stößt der Honig- und Nektardieb die Bienen beiseite und sticht seinen kräftigen, sich nach vorn verjüngenden und spitz zulaufenden Saugrüssel in gedeckelte wie ungedeckelte Wabenzellen, um innerhalb von ca. einer Viertelstunde durchschnittlich etwa fünf von diesen leer zu saugen. Dabei kann es auch vorkommen, dass die Mittelwand der Zellen vom Saugrüssel durchstochen wird und der Falter die auf der anderen Seite gelegene Zelle gleich mit aussaugt. Sobald der diebische Falter sich den Magen mit Nektar und Honig vollgeschlagen hat, verlässt er den Bienenstock und fliegt gesättigt fort. Der gesamte Vorgang dauert ca. 20 Minuten.

Abb. 6.3: *Acherontia atropos* auf einer Bienenwabe (a). Das Größenverhältnis zur Honigbiene ist bemerkenswert, wie das Trockenpräparat veranschaulicht (b). In einem Bienenstock tot aufgefundenes unbehaartes (»nacktes«) Exemplar dieser Art. Fotos: S. Schorn (a, b), AHS (c).

Heute weiß man, dass sich die Falter auf chemischem Weg, durch die Abgabe von bestimmten Geruchsstoffen, tarnen und dadurch von den Bienen nicht als Eindringlinge wahrgenommen werden. Der Geruchsstoff der Falter besteht aus einer Mischung von vier Fettsäuren: Palmitoleinsäure, Palmitinsäure, Stearinsäure und Ölsäure. Er tritt auch nahezu in der gleichen Konzentration und im gleichen Verhältnis bei den Honigbienen auf; das Mischungsverhältnis ist dabei in allen Körperteilen der männlichen und weiblichen Falter gleich.

Im Gegensatz zu manch anderen Schmetterlingsarten, bei denen die Imagines keinerlei Nahrung mehr aufnehmen können, wie z. B. Pappelschwärmer (*Laothoe populi*), ist die Nahrungsaufnahme nicht nur für das Überleben der Totenkopfschwärmer erforderlich. Im Flug ist der Energieverbrauch der Falter enorm: In der Ruhestellung werden in einem Gramm der Flugmuskulatur pro Minute 0,06 µmol Glucose zu Glucose-6-Phosphat umgesetzt, während des Fluges dagegen 3,9 µmol, d. h. etwa 0,7 mg. Eine weitere wichtige Funktion hat die Nahrung für die Eireifung bei den Weibchen (Reinhardt & Harz 1996).

Als Nahrung wird neben Honig gelegentlich aus Wunden austretender Pflanzensaft aufgenommen. Auch die Blüten verschiedener Pflanzen (u. a. Kartoffeln, Tabak, Bartnelke, Pfeifensträucher) werden angeflogen, allerdings kann der Blütennektar aufgrund der Form und Größe des Saugrüssels nicht aufgenommen werden. Von *A. styx* ist auch das Anstechen von reifem Fallobst dokumentiert.

Einige Tränenflüssigkeit trinkende Falterarten saugen auch gern Blut aus offenen Wunden, bei manchen Arten, wie der Wiesenrauten-Kapuzeneule (*Calyptra thalictri*) und subtropischen Arten (*Calyptra eustrigata*, *C. minuticornis*, *C. orthograpta*, *C. labilis*) aus der Familie der Eulenfalter (Noctuidae) ist der Saugrüssel zu einem Stechrüssel (Rostrum) umgebildet, der bis zu 7 mm tief in die Haut des Wirtstieres eindringen kann. Da sich diese Schmetterlingsarten zuweilen vom Blut bestimmter Säugetiere, einschließlich des Menschen, ernähren, könnten sie auch Krankheitserreger wie Viren übertragen. Einige wenige Schmetterlingsarten ernähren sich vorwiegend oder gänzlich von Tierexkrementen, Urin, Schweiß und Tränenflüssigkeit, dazu gehören Edelfalter, zum Beispiel der Große Schillerfalter (*Apatura iris*) und der Eisvogel (*Limenitis camilla*), und bei den Nachtfaltern die Arten *Lobocraspis griseifusa*, *Arcyophora* sp. und *Filodes fulvidorsalis*.

In Afrika, Brasilien und Südostasien gibt es sogenannte Tränentrinker, das sind einige Arten aus den Familien der Zünsler (Pyralidae), Eulenfalter (Noctuidae) und Spanner (Geometridae), die meist große Säugetiere (z. B. Rinder, Pferde) und auch

Krokodile anfliegen. Die Tränenproduktion wird zumeist noch durch Irritation des Augapfels des Opfers stimuliert. Auf Madagaskar haben sich die dort lebenden lachryphagen Schmetterlingsarten wie beispielsweise *Hemiceratoides hieroglyphica* mangels vorkommender Säugetiere auf schlafende Vögel spezialisiert, dabei schieben die Falter nachts ihren speziell geformten Saugrüssel unter das Augenlid und ernähren sich von der salzhaltigen Tränenflüssigkeit – und da für die Falter hierbei viel auf dem Spiel steht, sind sie sehr erfolgreich.

6.4 Abwehr- und Verteidigungsmaßnahmen der Totenkopfschwärmer

6.4.1 Abwehrsekret

Die männlichen Falter geben bei Beunruhigung ein nach modernden Pilzen riechendes Wehrsekret ab, das aus Drüsen am Sternit des zweiten Hinterleibssegmentes abgesondert und durch die pinselartigen, abgespreizten Haarbüschel verteilt wird. Durch Schlagen mit den Flügeln oder Treten mit den kräftigen Füßen können viele kleine bis mittelgroße Angreifer und Lästlinge erfolgreich abgewehrt werden.

6.4.2 Aktive und passive Abwehr und Verteidigung

Eier

Die sehr kleinen (< 2 mm Durchmesser) und unscheinbar gefärbten Eier werden auf der Blattunterseite der Nahrungspflanzen abgelegt (= passive Abwehr). Die Eihülle ist sehr elastisch, sodass die Eier nach einem Herabfallen vom Boden wieder flummiartig hochfedern.

Abb. 6.4: Die Eier von *Acherontia styx* sind an den Blättern gut getarnt. Foto: S. Schorn.

Raupe

Die Raupen verfügen weder über feste Stacheln, stechende Dornen oder reizende Brennhaare noch über effektive Signalfarben oder Wehrsekrete. Dennoch ist die auffällige Körperfärbung und -zeichnung ideal, um die Tiere auf und unter den Blättern der Nahrungspflanzen zu tarnen und die Körperkonturen (durch die Schrägstreifen-Zeichnung im Licht-Schatten-Verhältnis) aufzulösen (= sog. Somatolyse, passive Abwehr).

Abb. 6.5: Die Raupen des Totenkopfschwärmers sind zwischen den Futterpflanzen oder auf dem Boden meist nicht sofort zu erkennen (a, b). Raupe von *Acherontia atropos* in der sphinxförmigen Abwehrstellung (c) und bei der Abwehr eines Konkurrenten (d). Fotos: S. SCHORN.

Die bereits erwähnte Abwehrstellung (Sphinxhaltung) mit aufgerichtetem Vorderleib und darunter eingezogenem Kopf (die bei manchen anderen Gattungen mit sog. Augenflecken zur ausgeprägten Mimikry führt) und die langsame, behäbige Fortbewegungsweise halten so manchen Fressfeind von dieser Beute ab (= aktive Abwehr). Mit ihren Mundwerkzeugen können die Raupen klickende Geräusche erzeugen und sind auch in der Lage, kleinere Angreifer mit ihren kräftigen Mandibeln zu verletzen (= aktive Verteidigung). Nicht unerwähnt bleiben sollte auch die Fähigkeit der Raupen, Spinnseide produzieren zu können und sich somit ggf. Fressfeinden, wie beispielsweise Ameisen, zu entziehen. Besonders die L1- und kleinere L2-Raupen neigen bei groben Störungen oder Erschütterungen dazu, sich mit dem durch Spinndrüsen produzierten Spinnfaden, der zuvor am Blatt der Futterpflanze angeklebt wurde, »frei schwebend« herunterhängen zu lassen. Diese aktive Abwehrmaßnahme wird von den Raupen der Totenkopfschwärmer zwar bei Weitem nicht so präzise und geschickt praktiziert wie bei vielen anderen Raupen (z. B. denen der Wickler) oder einigen Spinnentieren (Arachnida), ist aber nicht selten erfolgreich. Das Leben der Raupe hängt somit nicht nur sprichwörtlich am seidenen Faden.

Auch für die Pflegerin, den Pfleger sind beim Austausch der Futterzweige die »frei« herunterhängenden L1-/L2-Raupen deutlich besser zu erkennen und einfacher zu entnehmen als die am Zweig festgeklammerten Exemplare.

Puppe

Die recht hartschalige Puppe ist in der Puppenkammer etwa 15–40 cm unter der Erdoberfläche relativ gut geschützt (= passive Abwehr). Die am abdominalen Ende mit einem spitzen Stachel ausgestattete Puppe kann schlagende Drehbewegungen ausführen und ist einige Tage vor dem Ende der sog. Puppenruhe zur Lauterzeugung befähigt (= aktive Abwehr).

Abb. 6.6: Unter der Erde liegende Puppe von *Acherontia atropos* – gut getarnt und abwehrbereit. Foto: S. Schorn.

Falter

Die nachtaktiven *Acherontia*-Falter sind während der Ruhezeit am Tag durch ihre Körperfärbung und -zeichnung auf Baumrinde oder Falllaub optimal getarnt (= passive Abwehr). Mit ihrem kräftigen und bedornten hinteren Beinpaar wissen sich die Falter durch Treten auch aktiv zu verteidigen, beispielsweise wenn sie festgehalten werden. Durch das unruhige Umherhüpfen und plötzliche Präsentieren der auffällig gefärbten Hinterflügel, die schrillen kratzigen Pfeifgeräusche und (bei den Männchen) die Abgabe von übelriechenden Duftstoffen verfügen die aufgestöberten Falter über vielfältige Verteidigungsstrategien: Bewegung, Angriff, Färbung, Akustik, Geruch (= aktive Abwehr und Verteidigung). Zu den passiven Verteidigungsmaßnahmen der Falter gehört auch das starke »Stauben«, wobei die bei einer Fixierung des Falters losgelösten feinen Schuppen oft dicht verklumpen und wie schwebende Gewölle in einer »Staubwolke« bzw. Schuppenwolke umherfliegen. Obschon diese passive Verteidigung an das sogenannte Bombardierverhalten mancher Vogelspinnen (z. B. *Brachypelma*-Arten) erinnert und optisch noch deutlicher zu sehen ist, kann es nicht mit deren aktiven Abwehrmaßnahme, bei der die Vogelspinne mit den Hinterbeinen reizende Brennhaare von ihrem Hinterleib abbürstet und in die Richtung des Angreifers durch die Luft wirbelt, verglichen werden. Die feinen und äußerst leichten Schuppen fliegen auch bei Windstille in stehender Luft recht lange umher und können in den Mund- und Nasenschleimhäuten kleben bleiben. Da der Totenkopfschwärmer aber über keine Reiz- oder Brennhaare verfügt, bleibt für den Angreifer außer ggf. einer kurzzeitigen Mundtrockenheit kein Schaden zurück.

Mimese und Mimikry

- Zur Verteidigung vor möglichen Fressfeinden besitzen die Raupen mancher Schmetterlingsarten giftige Sekrete oder Haare. Aber auch Haare, die kein Gift enthalten, können beim Eindringen in die Haut oder Schleimhäute Juckreiz und Rötungen verursachen. Die Raupe des Eichenprozessionsspinners (*Thaumetopoea processionea*) beispielsweise trägt über 600 000 giftige Haare, die bei Menschen schon Allergien auslösen können, wenn sie sich nur unter den befallenen Bäumen aufhalten.
- Eine Vogelkotmimikry haben einige Raupen aus der Familie der Ritterfalter (Papilionidae), die Raupen von *Acronicta* (Noctuidae) und einige Raupen aus der Gattung *Trilocha* (echte Spinner) entwickelt. Auch in der Gattung *Papilio* sehen einige Raupen in ihren frühen Entwicklungsstadien genauso aus wie Vogelkot und produzieren Harnsäure, um wie Kot zu riechen.

Abb. 6.7: Aktive und passive Abwehr: Die Raupen des Eichenprozessionsspinners (*Thaumetopoea processionea*) schützen sich aktiv vor Fressfeinden durch ein mit tausenden Brennhaaren bestücktes, netzartiges Geflecht (a). Eine effektive Mimese betreibt die Raupe des Feldbeifuß-Mönchs (*Cucullia artemisiae*, b), die von der Nahrungspflanze kaum zu unterscheiden ist. Der Atlasspinner (*Attacus atlas*), auf dessen Flügelspitzen mit etwas Fantasie ein Kobrakopf zu erkennen ist (c), wird als Mimikry gedeutet. Auf den Flügeln zahlreicher Schmetterlingsarten finden sich wie bei diesem Falter (d) leuchtende Raubtieraugen, die mögliche Fressfeinde abschrecken sollen, es ist eine der häufigsten Formen der Mimikry. Fotos: a, c, d: S. Schorn, b: S. Malz.

In späteren Entwicklungsstadien steigern einige dieser Raupen ihre Täuschungsstrategie sogar noch weiter und sehen dann aus wie das Gesicht einer Schlange. Eine besonders spezielle Form der Kotmimikry betreibt der Nachtfalter *Macrocilix maia* (Leech 1888): In verblüffend realistischer Art und Weise ahmen die Flügel dieser Motte zwei Fliegen nach, die Vogelkot fressen. Zudem riecht der Falter auch schrecklich (wie Vogelkot). Diese Täuschung ist deswegen sinnvoll, weil viele Prädatoren es instinktiv vermeiden, Fäkalien verzehrende Insekten zu fressen, um sich durch die Übertragung von Bakterien, Viren oder Parasiten vor Krankheiten zu schützen.

- Eine Mimikry durch optische Nachbildungen von Raubtieraugen hat sich bei einigen Schwärmern und Schwalbenschwänzchen parallel entwickelt. Durch diese (meist paarigen) Augenflecken können mit Unterstützung der Körperhaltung zum Beispiel kleine Schlangen imitiert werden, wie es z. B. die Raupen der Schwärmer aus der Gattung *Hemeroplanes* praktizieren.
- Eine effektive Mimese betreiben auch viele Raupen der Spanner (wie Geometridae), indem sie zur Tarnung die Form und Färbung eines kleinen Ästchens aufweisen. Manche Arten, wie zum Beispiel die Raupen von *Nemoria arizonaria* haben sogar einen Saisondimorphismus entwickelt, d. h., sie sehen je nach Jahreszeit anders aus und ahmen im Frühjahr die Kätzchen der Futterpflanze nach, während sie im Sommer Ästchen oder ein Zweigstück imitieren.

6.5 Paarung und Eiablage

Während die männlichen Falter bereits wenige Stunden nach dem Schlupf paarungsbereit sind, versuchen die frischgeschlüpften Weibchen sich der Kopulation durch Flucht zu entziehen, wobei ihre Pfeifgeräusche von Ablehnung zeugen. Die erst wenige Tage nach dem Schlupf paarungsbereiten Weibchen verharren ruhig sitzend und verströmen mit ihren ausgestülpten Duftdrüsen am Abdomen Sexuallockstoffe (Pheromone), um die Männchen anzulocken. Entsprechend der Aktivitätszeit erfolgt die Paarung in der Regel am späten Abend (ca. ab 22 Uhr), der Zeitpunkt kann sich jedoch bis zu den frühen Morgenstunden hinziehen.

Bei günstigen Windverhältnissen können die Männchen die weiblichen Sexuallockstoffe sogar aus einer Entfernung von bis zu 15 km wahrnehmen. Weiter entfernte Männchen steuern im Flug auf das paarungsbereite Weibchen zu. Ein in unmittelbarer Nähe befindliches Männchen fliegt jedoch nicht, sondern läuft zum Weibchen und hält sich am Vorderrand ihrer Flügel fest.

Beim Paarungsakt stülpt das Männchen seinen Genitalapparat (Abb. 5.14) aus und führt ihn in die Geschlechtsöffnung des Weibchens (Abb. 5.13) ein, wobei sich das Männchen noch leicht schräg auf dem Rücken des Weibchens befindet. Während der ein bis drei – seltener bis zu fünf – Stunden andauernden Paarung sind beide Geschlechtspartner mit dem Abdomen fest verankert. wie bei den Schwärmern (und u. a. manchen Wanzen [Heteroptera]) üblich, weisen die Körper dabei in entgegengesetzte Richtungen, wenn sie bei der Kopulation gestört werden.

Abb. 6.8: *Acherontia atropos* bei der Kopulation, das Männchen ist leicht schräg über dem Rücken des Weibchens (a). Bei Störungen weisen die Körper in entgegengesetzte Richtungen (b: von dorsal, c: von ventral), ebenso wie bei den Schaben, hier die Totenkopfschabe (*Blaberus craniifer*). Fotos: a: AHS, b, c, d: S. Schorn.

Nachdem das Weibchen den männlichen Samen empfangen hat, gelangt dieser über eine Blase (Bursa copulatrix) in die Samenblase (Vesicula seminalis), wo die Spermien nun gespeichert werden. Befruchtet werden die Eier erst während der Eiablage, bei der sie an der Öffnung der Samenblase vorbeigleiten. Durch diese Form der Samenspeicherung kann das Weibchen über Wochen lang befruchtete Eier absetzen, was es jedoch nicht an weiteren Kopulationen hindert. Die Totenkopfschwärmer sind nicht monogam, im Allgemeinen kommen jedoch nur die kräftigsten Männchen zur Verbreitung ihrer Gene. Nach etwa 8–10 Tagen sind die befruchteten Eier ablagebereit. Die Weibchen fliegen jedoch bereits einige Tage davor potenzielle Nahrungspflanzen der Raupen an und zeigen Ablageverhalten. Innerhalb von 2–5 Wochen werden im Durchschnitt 10–30 Eier pro

Eiablage abgesetzt, wobei die Eier zumeist einzeln auf der Unterseite von älteren Blättern angeheftet werden. Insgesamt legt ein Weibchen etwa 150 (maximal 200) Eier ab, davon bis zu 75 pro Tag.

6.6 Inkubation der Eier, Embryonalentwicklung, Schlupf der Raupen

Die Eier des Totenkopfschwärmers sind an den Blattunterseiten der künftigen Futterpflanzen (zum Beispiel Liguster oder Kartoffel) bereits bestens untergebracht. Wenn die Eier jedoch an ungünstigen Stellen abgelegt worden sind, empfiehlt es sich für die Zucht, diese mitsamt dem Untergrund bzw. des Gegenstandes, an dem sie haften, in ein Inkubationsbehältnis (z. B. eine gelochte Heimchendose, die mit leicht angefeuchtetem Vermiculit oder Sphagnummoos ausgelegt wurde) zu überführen.

Die Embryonalentwicklung im Ei ist temperaturabhängig und dauert etwa 5–12 Tage. Bei 20 °C Durchschnittstemperatur schlüpft die Raupe nach etwa 8 Tagen (Reinhardt & Harz 1996). Bei niedrigeren Dauertemperaturen, beispielsweise 16 °C, verzögert sich nicht nur der Schlupf der Raupen, sondern bewirkt auch häufig eine geringere Vitalität, ein Verkümmern oder Absterben.

Während der Entwicklungszeit verfärben sich die Eier dunkler und sind an den letzten beiden Tagen weniger prall, sondern schwach eingedellt. Wenige Stunden vor dem Schlupf sind bereits die Mundwerkzeuge und das Analhorn durch die Eischale zu erkennen.

Nachdem sich die (L1-)Raupe durch die Eischale genagt hat und herausgekrochen ist, wird in der Regel auch die restliche Eihülle verzehrt. Neben der Verwertung von Nährstoffen dient dies vermutlich dazu, lebenswichtige Mikroorganismen (bestimmte Pilze und Bakterien) aufzunehmen, die vom Muttertier an das Ei übergeben wurden.

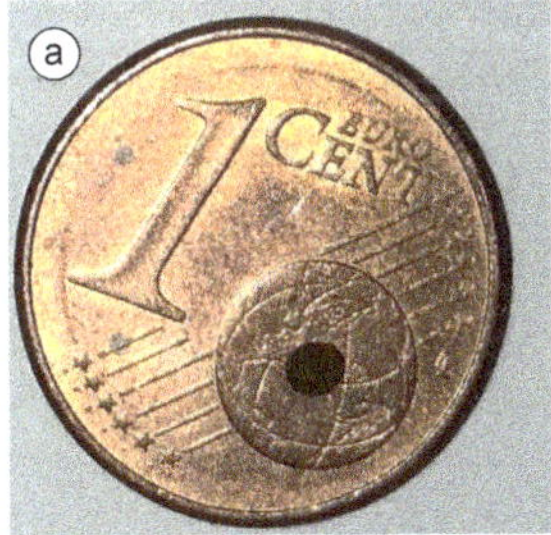

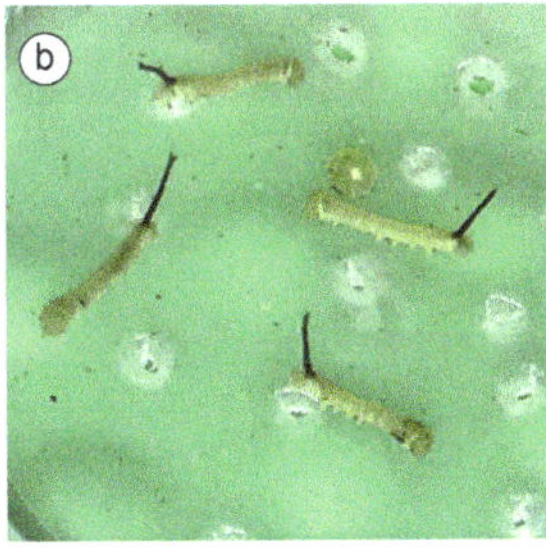

Abb. 6.9: Veranschaulichung der Größenverhältnisse: Ei von *Acherontia styx* auf einer 1-Eurocent-Münze (a) sowie ein Ei und vier frisch geschlüpfte L1-Raupen derselben Art. Fotos: S. Schorn.

Da unter mitteleuropäischen Klimabedingungen auch im Sommer (Juni) kurzzeitig niedrigere Temperaturen auftreten, hat Harbich (1981) Versuche an *Acherontia*-Eiern vorgenommen, indem er diese verschiedenen Temperaturen ausgesetzt bzw. Kälteeinbrüche simuliert hat.

- Bei Tagestemperaturen von 23 °C und einer Nachttemperatur von 16 °C schlüpfen die Raupen durchschnittlich nach 188 Stunden, was einem normalen Verlauf der Entwicklung entspricht.
- Bei 21 °C wurden die sechs Stunden alten Eier für 144 Stunden einem »Kälteeinbruch« (bei 16 °C am Tag und 8 bzw. 5 °C nachts) ausgesetzt und danach weiter bei 21 °C gehalten. Die Eier entwickelten sich langsamer und die Raupen kamen im Durchschnitt erst nach 308 bzw. 322 Stunden zum Schlupf.
- Bei Tages- und Nachttemperaturen von nur 8 °C starben die Eier ab.

6.7 Lebensweise der Raupen

6.7.1 Haut und Häutung

Die äußere Hauthülle der Raupen ist relativ weich und dehnbar, wodurch sie große Nahrungsmengen aufnehmen können, im Gegensatz zu vielen anderen Insekten, deren Cuticula stärker sklerotisiert und daher starrer und weniger flexibel ist.

Das Größenwachstum wird durch die äußere Hauthülle der Raupen begrenzt, daher müssen sich die Tiere in regelmäßigen Abständen wegen ihrer Größenzunahme häuten. Dabei verharren die Raupen mitunter mehrere Stunden regungslos auf ihrer Unterlage, bevorzugt auf den Mittelrippen der Blattunterseiten oder bei größeren Raupen (L4–L5) auch auf den Stängeln der Futterpflanze.

Da die Raupen nahezu ununterbrochen mit der Nahrungsaufnahme und deren Abgabe als Exkrement beschäftigt sind, ist eine bevorstehende Häutung (Ecdysis) an der längerfristigen Einstellung des Fressens erkennbar. Die alte Haut reißt an einer Sollbruchstelle am Thorax auf, die Raupe pumpt währenddessen Luft durch die Tracheen und sorgt durch Bewegungen des Vorderkörpers für ein weiteres Aufreißen der zu eng gewordenen Außenhaut. Unter der alten Cuticula hat sich bereits eine neue, nun deutlich größere und dehnbarere Außenhaut gebildet, die Raupe kriecht dann aus der alten Hauthülle mit dem

Kopf voran heraus. Die abgestreifte Hauthülle (Exuvie) wird nach jeder Häutung häufig komplett samt Analhorn aufgefressen. Von den L1- und L2-Raupen finden sich nach der Ecdysis gelegentlich noch Reste der hinteren Hauthülle samt Analhorn auf dem Boden, die älteren Raupen (L3–L5) lassen dagegen selten die nahrhafte alte Hauthülle zurück.

Abb. 6.10: Häutungen am Beispiel von *Acherontia atropos*: Nach der Häutung frisst die L2-Raupe ihre alte Hauthülle auf (a), dabei bleiben die Kopfkapsel und das Analhorn meist zurück (b). Eine L3-Raupe kurz vor (c) und während der Häutung (d), L4-Raupe während der Häutung (e) und neben der Exuvie (f). Exuvie mit abgelöster Kopfkapsel der L5-Raupe (g). Fotos: a, b, d, f, g: AHS, c, e: S. Schorn.

Die charakteristische Umfärbung von einer Häutung (bzw. einem Larvenstadium) zur nächsten (bzw. zum nächsten Larvenstadium) erfolgt immer erst nach einer gewissen, wenn auch kurzen Zeit nach der Häutung. Während die erste Häutung meist schon 2–3 Tage nach dem Schlupf erfolgt, vergehen bis zur zweiten Häutung im Durchschnitt 4–5 Tage, und mit zunehmender Größe der Raupen werden auch die Abstände zwischen den Häutungen größer.

Nach jeder Ecdysis beginnt ein weiteres Larvenstadium, nach fünf Larvenstadien (bzw. fünf Häutungen) ist die Entwicklung der Raupe abgeschlossen. Die sechste und somit letzte Häutung findet innerhalb der Puppenhülle während der Metamorphose zur Imago statt.

Zur Dauer der Entwicklung von *Acherontia atropos* haben u. a. Gillmer & Mathle (1905) dokumentiert, wie temperaturabhängig diese ist. Die **Gesamtentwicklung** dauerte bei 30 °C rund 71 Tage, wovon 28 Tage auf das Raupenstadium entfallen, hier ein selbst aufgezeichnetes Beispiel:

Ex ovo: 03.09.

1. Häutung: 05.09.

2. Häutung: 09.09.

3. Häutung: 14.09.

4. Häutung: 22.09.

5. Häutung: nach dem 29.09. (nicht genau bestimmbar)

Zur Verpuppung in die Erde vergraben: 29.09.

Ex larva (= verpuppt): 11.11.

6.7.2 Fraßverhalten der Raupen

Der einzige Lebenszweck der Schmetterlingsraupen besteht darin, an Masse zuzunehmen, daher ist ihre Fressleistung immens. Da viele Arten monophag sind, d. h. sich nur von einer einzigen Pflanzenart ernähren, können sie bisweilen gewaltige Schäden am jeweiligen Pflanzenbestand anrichten.

Die Larven einiger Schmetterlingsarten spinnen die Blätter der Nahrungspflanzen zusammen, wie zum Beispiel der Admiral (*Vanessa atalanta*), wieder andere rollen ein Blatt zusammen und fressen diese Röhre von innen auf, wie es viele Wickler-Raupen (Tortricidae) praktizieren, deren Familienname darauf Bezug nimmt. Obwohl sich die meisten Raupen von Pflanzen beziehungsweise Pflanzenteilen (Blättern, Stängeln, Nadeln, Blüten, Samen, Früchten) ernähren, gibt es auch räuberische Arten, wie zum Beispiel die Raupen des *Hyposmocoma molluscivora* auf Hawaii mit zoophager Ernährungsweise.

Die frisch geschlüpften *Acherontia*-Raupen sitzen anfangs gemeinsam an den Unterseiten der Blätter ihrer Nahrungspflanze und verzehren die leeren Eihüllen meist als erste Mahlzeit. Mit dieser Energie sind die L1-Raupen recht aktiv und kriechen oft viele Stunden, manchmal sogar einen Tag lang herum, bis die geeignete Futterpflanze gefunden ist und dort dann das große Fressen beginnt. Im Regelfall wird die Pflanze, auf der die Raupe geschlüpft ist, als Futterpflanze beibehalten.

Nach etwa 3–5 Tagen ist die Raupe so stark gewachsen, dass die Häutung zum zweiten Larvenstadium (L2) erfolgt. Nach dem sogenannten Lochfraß im L1-Stadium wird die Futterpflanze nun vom äußeren Rand her nach innen verzehrt. Nach der zweiten Häutung (zur L3-Raupe) nehmen die Raupen (in der Ruhestellung, gelegentlich auch während des Fressens) ihre typische s-förmige, sphinxähnliche Körperhaltung an.

Im Verlauf des Wachstums und der larvalen Entwicklungsstadien werden immer größere Nahrungsmengen aufgenommen. Dabei fressen die Raupen nicht nur während der Nacht, sondern phasenweise auch am Tag. Dass die Raupen tagsüber nicht gefunden oder schnell übersehen werden, liegt nicht etwa an der versteckten, meist behäbigen Lebensweise, sondern vielmehr daran, dass sich die kleinen L1-Raupen in ihrer Färbung kaum von dem Untergrund, d. h. der Futterpflanze, unterscheiden. Obwohl die deutlich größeren und auffällig gezeichneten L3- bis L5-Raupen meist vereinzelt vorkommen, »verschwinden« sie optisch zwischen den Futterpflanzen.

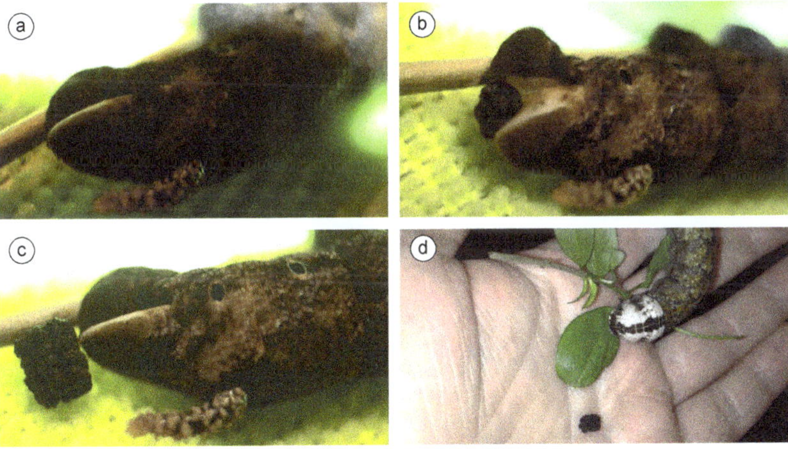

Abb. 6.11: Ausscheidungsvorgang einer Raupe der braunen Farbvariante von *Acherontia atropos* (L4): Geschlossene Analklappe (a), leicht geöffnete Analklappe mit Exkrement (b) und ausgestoßenes Exkrement, das entfernt an eine Handgranate erinnert. Im Verlauf der Larvalentwicklung werden neben den Raupen auch die Exkremente stetig größer (d). Fotos: S. Schorn.

Die jeweilige Art der Futterpflanze scheint nicht ohne Wirkung auf die Raupenentwicklung zu sein. Nach Untersuchungen von HARBICH (1981) verläuft die Entwicklung von auf Solanum gehaltenen Raupen vom L1 bis zur Vorpuppe bei 26 °C in 17 Tagen und somit 11 Tage schneller als bei auf Ligustrum gehaltenen Raupen. Auch die Körpermassen der L5-Raupen sind je nach Futterpflanze unterschiedlich, sie betragen im Mittel 10,6/12,1 g (Männchen/Weibchen) für die mit Kartoffelpflanzen ernährten Raupen bzw. 8,5/9,8 g bei Liguster als Futterpflanze. (Zur Fütterung der Raupen in der Zucht siehe Kapitel 12.3.3)

Abb. 6.12: Die nimmersatten Raupen sind fast ausnahmslos mit der Nahrungsaufnahme beschäftigt und oft hinter den Zweigen der Futterpflanzen nicht sofort zu erkennen. Frische Futterzweige für fünf L4-Raupen (c) sind etwa 15 Stunden später kahl (d). Fotos: S. SCHORN.

- Bei der Verpuppung ist der Masseverlust bei Raupen, die mit saftigem (= wässrigem) Kartoffelkraut (*Solanum tuberosum*) gefüttert wurden, viel höher als bei den mit relativ trockenen und festen Ligusterblättern (*Ligustrum vulgare*) gefütterten Raupen. Weiterhin berichtet Harbich (1978), dass die Sterblichkeitsrate bei den auf Kartoffelpflanzen gehaltenen Raupen im L5-Stadium um 40 % höher liegt als bei den mit Liguster ernährten Tieren.
- Untersuchungen zur Futteraufnahme der Totenkopfschwärmerraupen haben auch Leuthäusel et al. (1979) vorgelegt. Die Raupen wurden durchgängig bei 20–24 °C gehalten und mit Liguster ernährt. Die einzelnen Raupenstadien (L1–L4) dauerten jeweils 5–6 Tage, das L5-Stadium 12–13 Tage. Nach 32–34 Tagen waren synchron die Puppen vorhanden. Für die Ernährung einer *A.-atropos*-Raupe sind vom L1 bis zum L5 etwa 200 Ligusterblätter erforderlich.
- Futteraufnahme an Blattfläche: L1: 115 mm^2, L2: 490 mm^2, L3: 3370 mm^2, L4: 13815 mm^2, L5: durchschnittlich 153550 mm^2, das entspricht etwa 90 % der Gesamtmasse.

Nahrung der Raupen von *Acherontia atropos*

Die Nahrung der Raupen (siehe Tab. 6.1) besteht vorwiegend aus Pflanzen der Familie der Nachtschattengewächse (Solanaceae), sie bevorzugen die Kartoffelpflanze (*Solanum tuberosum*), Tomatenpflanzen (*Solanum lycopersicum*) und Aubergine (*Solanum melongena*). Darüber hinaus wurden die Raupen von *A. atropos* auch auf anderen Pflanzen nachgewiesen, so z. B. auf dem Bohnenähnlichen Jochblatt (*Zygophyllum fabago*) in Anatolien und auf den Kanaren am Afrikanischen Tulpenbaum (*Spathodea campanulata*), an *Cussonia*-Arten, Scharlachkordie (*Cordia sebestena*) und Losbäumen (*Clerodendrum*), ferner am Blaugrünem Tabak (*Nicotiana glauca*) sowie an Stechapfel (*Datura*) und *Jasminum* (van der Heyden 1989).

Tabelle 6.1: Wichtige Nahrungspflanzen der Raupen von *Acherontia atropos*

Gattungen bzw. Arten von Nachtschattengewächsen	Gattungen bzw. Arten anderer Pflanzenfamilien
Aubergine (*Solanum melongena*)	**Braunwurzgewächse:** Sommerflieder (*Buddleja*), Königskerzen (*Verbascum*), Pracht-Königskerze (*Verbascum speciosum*)
Bittersüßer Nachtschatten (*Solanum dulcamara*)	**Brennnesselgewächse:** Brennnesseln (*Urtica*)
Blasenkirsche (*Physalis*)	**Doldenblütler:** Dill (*Anethum*), Möhren (*Daucus*)
Blaugrüner Tabak (*Nicotiana glauca*)	**Fuchsschwanzgewächse:** Rübe (*Beta vulgaris*)
Europäischer Bocksdorn (*Lycium europaeum*)	**Geißblattgewächse:** Heckenkirschen (*Lonicera*), Schneebeeren (*Symphoricarpos*)
Gemeiner Bocksdorn (*Lycium barbarum*)	**Hanfgewächse:** Hanf (*Cannabis sativa*)
Gemeiner Stechapfel (*Datura stramonium*)	**Hortensiengewächse:** Europ. Pfeifenstrauch (*Philadelphus coronarius*)
Kartoffel (*Solanum tuberosum*)	**Hülsenfrüchtler:** Ackerbohne (*Vicia faba*)
Schwarze Tollkirsche (*Atropa belladonna*)	**Hundsgiftgewächse:** Oleander (*Nerium oleander*)
Schwarzer Nachtschatten (Solanum nigrum)	**Korbblütler:** Kanadisches Berufskraut (*Conyza canadensis*)
Schwarzes Bilsenkraut (*Hyoscyamus niger*)	**Kreuzblütengewächse**: Kohl (*Brassica*)
Tomate (*Solanum lycopersicum*)	**Lippenblütler:** Mönchspfeffer (*Vitex agnus-castus*)
Virginischer Tabak (*Nicotiana tabacum*)	**Malvengewächse:** Hibiskus (*Hibiscus*)
	Moschuskrautgewächse: Holunder (*Sambucus*), Gemeiner Schneeball (*Viburnum opulus*)
	Ölbaumgewächse: Eschen (*Fraxinus*), Jasmin (*Jasminum*), Liguster (*Ligustrum*), Ölbäume (*Olea*), Flieder (*Syringa*), Steinlinde (*Phillyrea*)
	Paulownien: Blauglockenbaum (*Paulownia tomentosa*)
	Rautengewächse: Orange (*Citrus sinensis*), Rauten (*Ruta*)
	Rosengewächse: Weißdorne (*Crataegus*), Walderdbeere (*Fragaria vesca*), Äpfel (*Malus*), Zwergapfel (*Malus pumila*), Pflaume (*Prunus domestica*), Kultur-Birne (*Pyrus communis*)
	Rötegewächse: Färber-Meier (*Asperula tinctoria*), Färberröte (*Rubia tinctorum*)
	Spindelbaumgewächse: Spindelsträucher (*Euonymus*)
	Trompetenbaumgewächse: Gemeiner Trompetenbaum (*Catalpa bignonioides*), Kap-Geißblatt (*Tecomaria capensis*)
	Wegerichgewächse: Löwenmäuler (*Antirrhinum*)

In der Regel ernähren sich die Raupen von *A. atropos* während ihrer gesamten Entwicklung von der Nahrungspflanze, auf der sie geschlüpft sind. Im Gegensatz zu manchen anderen Schmetterlingsarten (z. B. Linienschwärmer [*Hyles livornica*]) ist ein Nahrungspflanzenwechsel möglich. Bei der *Acherontia*-Haltung ist darauf zu achten, dass ein Wechsel auf Kunstfutter der gleichen Pflanzenart oder auf eine Pflanzenart derselben Familie allgemein deutlich besser vertragen wird als ein Wechsel zu einer Nahrungspflanze aus einer entfernteren Familie. Nicht selten ist ein Nahrungspflanzenwechsel mit einer erhöhten Sterblichkeitsrate der Raupen verbunden, daher ist bei der Futterbeschaffung eine Beschränkung auf möglichst eine (einfach zu beschaffende) Pflanzenart, die im Optimalfall auch stets aus dem gleichen Gebiet oder näheren Umkreis gesammelt wird, ratsam.

Nahrung der Raupen von *Acherontia lachesis*

Die polyphagen Raupen von *A. lachesis* ernähren sich von vielen verschiedenen Pflanzen, die ebenso als Nahrungspflanzen von *A. atropos* und *A. styx* bekannt sind. Dazu gehören unter anderem Pflanzen aus den Familien der Nachtschattengewächse (Solanaceae), Eisenkrautgewächse (Verbenaceae), Hülsenfrüchtler (Fabaceae), Ölbaumgewächse (Oleaceae), Trompetenbaumgewächse (Bignoniaceae) und Lippenblütler (Labiatae). Aus Indien sind Korallenbäume (Erythrina), Jasmin (*Jasminum*), Kartoffel (*Solanum tuberosum*), Virginischer Tabak (*Nicotiana tabacum*), Teakbaum (*Tectona grandis*) und Stechapfel (*Datura*) als Nahrungspflanzen nachgewiesen, in Hongkong fressen die Tiere hauptsächlich an Süßkartoffel (*Ipomoea batatas*), Losbäumen (*Clerodendrum*) und Korallenbäumen (*Erythrina speciosa*).

Nahrung der Raupen von *Acherontia styx*

Die polyphagen Raupen von *A. styx* fressen an vielen verschiedenen Pflanzenarten, die meisten Futterpflanzen finden sich in den Familien der Trompetenbaumgewächse (Bignoniaceae), Hülsenfrüchtler (Fabaceae), Ölbaumgewächse (Oleaceae), Sesamgewächse (Pedaliaceae), Nachtschattengewächse (Solanaceae) und Eisenkrautgewächse (Verbenaceae). Darüber hinaus findet man gelegentlich genutzte Nahrungspflanzen aus elf weiteren Familien.

Abb. 6.13: Raupen und Falter von *Acherontia styx* auf einer Zitruspflanze. Foto: J. Morisse.

In China wurden die Raupen auf Losbäumen (*Clerodendrum*), Liguster (*Ligustrum*), Tomaten (*Solanum sect. Lycopersicon*), Sesam (*Sesamum indicum*), Nachtschatten (*Solanum*) und verschiedenen Arten der Hülsenfrüchtler nachgewiesen. In Japan sind sie an Sesam (*Sesamum indicum*) und Jasminblütigem Nachtschatten (*Solanum laxum*), in Korea an Aubergine (*Solanum melongena*), Kartoffel (*Solanum tuberosum*), Paprika (*Capsicum annuum*), Erbse (*Pisum sativum*) und Blauglockenbaum (*Paulownia tomentosa*) bekannt.

6.7.3 Sozialverhalten bei Raupen

Bei manchen Schmetterlingsarten lässt sich ein auffallendes Sozialverhalten beobachten, etwa bei den Raupen des Prozessionsspinners (*Thaumetopoeidae*), die in großen Gespinsten zusammenleben und sich gemeinsam dicht hintereinander (ähnlich wie bei einer Polonaise) auf dem Weg zu neuen Nahrungspflanzen fortbewegen. Solche Wanderungen der Prozessionsspinnerraupen werden recht treffend als »Prozessionen« bezeichnet.

In manchen Schmetterlingsfamilien leben die Raupen in Symbiose mit oder als Sozialparasiten von Ameisen. In Mitteleuropa beispielsweise haben die Bläulinge (Lycaenidae) mit Knoten- und Schuppenameisen eine symbiotische Beziehung, da die Raupe über dorsale Drüsen eine zuckerhaltige Flüssigkeit absondert. Durch diesen Lockstoff wird die Raupe nicht (wie sonst bei kleinen Insekten üblich) getötet, sondern fortan von den Ameisen beschützt. Ähnlich wie bei Blattläusen, die sie melken, trommeln die Ameisen auf dem Rücken der Raupe mit ihren Beinen, um die Produktion der süßen Flüssigkeit anzuregen und diese dann abzusammeln. Im letzten Raupenstadium schleppen sie die Raupe in ihr Nest, wo sie den Geruch der Ameisen annimmt und von diesen auch gefüttert wird. Die Raupe ernährt sich fortan als Sozialparasit von der Brut der Ameisen, die sogar ihre eigenen Nachkommen vernachlässigen, um die scheinbar nimmersatte Raupe bevorzugt zu füttern. Der Aufwand zum Erlangen der süßen Flüssigkeit steht dabei in keinem Verhältnis zu dem Schaden, den die Ameisen dadurch erleiden. Im geschützten Ameisenbau verpuppt sich die Raupe, überwintert je nach Jahreszeit und verlässt das Nest als Falter.

Tabelle 6.2: Beispielhafter Verlauf von Zuchten des Totenkopfschwärmers. Herkunft des Eimaterials: Süddalmatien. * R1 bzw. R2: Die beiden Raupen zeigen von Beginn an sehr unterschiedliche Entwicklungsgeschwindigkeiten (Tabelle nach Reinhardt & Harz 1996).

Autor	**Harte (1900)**			**Gillmer (1905)**						**Wünscher (1905)**		
Eier	08.09.1899			28./29.08.1904						29.08.1900		
Futter	*Lycium* (Bocksdorn)			*Lycium* (Bocksdorn)						*Solanum* (Kartoffel)		
Stadium	Dauer (Tage)	Temp. in °C (Mittelwert)	Wärmesumme	Dauer (Tage)		Temperatur in °C (Mittelwert)		Wärmesumme		Dauer (Tage)	Temp. in °C (Mittelwert)	Wärmesumme
				R1*	R2	R1	R2	R1	R2			
L1	4	20,5	82	4,5	5,75	19	19	85,5	109,25	4,5	29	130,5
L2	4	20,5	82	5,5	5,75	18	18	99	103,5	4	29	116
L3	4	20,5	82	6,25	6,75	16	15	100	105	5	29	145
L4	7	20,5	143,5	12,75	13	13,3	13,7	172	179	8	29	232
L5	6	20,5	123	17	21	11	11	186	230	7	29	203
Summe	**25**	–	**512,5**	**56**	**52,25**	–	–	**642,5**	**726,75**	**28,5**	–	**826,5**

6.8 Puppe – Von der Raupe zum Falter

6.8.1 Verpuppung

Zum Ende des letzten Larvenstadiums (L5) nehmen die Raupen keine Nahrung mehr auf und verfärben sich, vom Vorderende ausgehend, dunkler trüb gelborange bis bräunlich. Zum Verpuppen kriecht die Raupe von der Futterpflanze herunter auf den Boden und sondert beim sogenannten Verpuppungsmarsch aus der Mundöffnung und der Analklappe eine (wie getrockneter Schneckenschleim glänzende) alkalische Flüssigkeit ab. Sie setzt diese Prozedur auch später beim Bau der Puppenkammer fort. Bei der Zucht sollte die L5-Raupe nun vereinzelt und in eine mit einer ca. 20–30 cm hohen Schicht lockerer Erde befüllte Kunststoffbox umgesetzt werden, damit sie sich ungestört verpuppen kann. Im lockeren Erdreich gräbt sich die Raupe in den Boden und formt durch Drehen und Wenden ihres Körpers eine innerseits glattwandige eiförmige Höhle. In der älteren Literatur wird häufig betont, dass sich die Raupe bis zu 30 cm tief ins Erdreich gräbt, in Zuchten werden die Puppen aber selten so tief, sondern bereits ab 3 cm unter der Erdoberfläche vorgefunden.

Nach dem Eingraben vergehen mehrere Tage bis zur Verpuppung, diese ist außerdem stark abhängig von der (Boden-)Temperatur. Bei 19–20 °C dauert es 6–7 Tage, bei niedrigeren Temperaturen (z. B. im Freiland) durchschnittlich 10–14, gelegentlich bis zu 16 Tage bis zur Verpuppung (Reinhardt & Harz 1996). Zur Anatomie der Puppe siehe Kap. 5.2.3.

Die auch als sogenannte **Puppenwiege** bezeichnete Erdhöhle ist etwa 8 × 6 cm groß und bietet der anfangs cremefarben bis gelblich, nach etwa 12 Stunden rotbraun bis braunrot gefärbten Puppe einen gewissen Schutz vor Fressfeinden oder Temperaturschwankungen. Die Puppenhaut bietet einen guten Schutz vor extremer Trockenheit, Feuchtigkeit und Pilzbefall.

Abb. 6.14: Verpuppungsbereite L5-Raupen von *Acherontia atropos* färben sich bräunlich und schrumpfen in der Körpermasse (a). Zur Verpuppung gräbt sich die Raupe ins lockere Erdreich ein (b). Eine stark sklerotisierte Kopfkapsel in Frontalansicht (c). Späte L5-Raupe und frühe Puppe (d). Die Geschlechtsunterschiede lassen sich auch an der Puppe erkennen. So befindet sich bei den Männchen eine punktförmige Einkerbung am vierten Abdominalsegment der Puppe, bei den Weibchen stattdessen eine strichförmige (e, f). Die Puppenwiege bietet Schutz vor Fressfeinden oder Temperaturschwankungen (g). Fotos: a–d: S. Schorn, e, f: J. Morisse, g: J. Haxaire.

6.8.2 Puppenruhe

Im Verlauf der sogenannten **Puppenruhe** verfärben sich die Puppen dunkler und sind kurz vor dem Schlupf der Falter schwarz gefärbt. Die Puppen der Männchen (1,0) sind 5–6,5 cm lang und 7–10 g schwer, die der weiblichen Tiere (0,1) sind 6,5–7 cm lang und wiegen zwischen 7 und 12 g.

Eine sogenannte **Diapause**, d. h. Entwicklungshemmung in der Puppe, wird bei niedrigen Temperaturen von längerfristig unter 20 °C vollzogen. Werden ganz frische Puppen kühl gelagert, bilden sich sog. Latenzpuppen, d. h., sie entwickeln sich erst zu einem späteren Zeitpunkt weiter.

Wenn die Bodentemperatur nicht niedrig genug (d. h. zwischen 15 und 17 °C) ist, um das Einlegen der **Parapause** hervorzurufen, kommt es zu einer Entwicklungsverzögerung (Quieszens) als Folge direkter Temperaturabhängigkeit, die sich bis zu 60 Tage ausdehnen kann. Hier besteht allerdings das Risiko, dass missgebildete, verkrüppelte Falter schlüpfen oder diese bereits in der Puppenhülle absterben. Beträgt die Bodentemperatur im frühen Puppenstadium zwischen 5 und 7 °C, wird durch die Kühle eine Dormanzform induziert, die einer thermischen Parapause entspricht (Reinhardt & Harz 1996). Die Entwicklung dieser Puppen wird erst nach mehreren Monaten (bei 5 °C etwa 3 Monate) abgeschlossen, wenn die Temperaturen danach wieder auf über 20 °C ansteigen.

Wenn die Parapause erst einmal eingeleitet ist, kann auch ein Temperaturanstieg kurze Zeit später keine weitere Entwicklung der Puppen herbeiführen – die höheren Temperaturen führen im Gegenteil eher zu einer verlängerten Ruhepause. Falter aus Latenzpuppen (die jedoch als Raupen unter Kurztagsbedingungen aufgezogen waren) legten nach Harbich (1981) erst am 13.–26. Lebenstag befruchtete Eier ab, die Falter aus Subitanpuppen am 7.–11. Lebenstag. Wie lange die Puppen bei welchen Temperaturen genau überwintern können, damit daraus noch vitale und fertile Falter schlüpfen, ist bislang nicht vollends erforscht, obschon Fischer & Benz 1955/56 Temperaturangaben von -5 bis -6 °C benannt haben.

Sobald die Puppe das Endstadium ihrer Entwicklung erreicht hat, ist sie deutlich dunkler, d. h. schwarz gefärbt. Der Begriff »Puppenruhe« ist etwas irreführend, da nach der letzten Häutung, d. h. nach der Verpuppung (der Raupe) die **Metamorphose** zum Falter stattfindet.

Abb. 6.15: Frühe, noch gelblich-orangebraun gefärbte Puppe von *A. atropos* in der Puppenkammer (a). Frühe Puppe (links) neben älteren, bereits dunkler gefärbten Puppen von *A. atropos* (b). Fotos: S. Schorn.

6.8.3 Metamorphose und Schlupf

Bei der Metamorphose findet eine vollständige Verwandlung statt, bei der die inneren Organe der Raupe abgebaut oder umgeformt und zu Falterorganen umgebildet werden. Wie sich an der Mumienpuppe schon abzeichnet, ändert sich auch die gesamte äußere Gestalt des Tieres – weshalb man hier von einer vollständigen Verwandlung (Holometabole Metamorphose) spricht. Im Gegensatz dazu steht die unvollständige Verwandlung (Heterometabole Metamorphose), dabei wandelt sich beispielsweise bei den Gespenstschrecken (Phasmatodea), Gottesanbeterinnen (Mantodea) und anderen Ordnungen die Larve bis zur Imago schrittweise mit jeder Häutung um, die Larven, die den Imagines schon recht ähnlich sehen, nähern sich während der Larvenentwicklung ohne ein Puppenstadium in Größe und Gestalt der Imago an, die Geschlechtsreife tritt nach der letzten Häutung ein.

Die Metamorphose zum Falter findet in der Puppenhülle statt, ist damit aber noch nicht vollständig abgeschlossen. An einer Sollbruchstelle am oberen (Kopf-)Ende der Puppe reißt der schlüpfende Falter die Puppenhülle weiter nach unten hin auf und kriecht heraus. Normalerweise bereitet es dem kräftigen Tier keine Probleme, aus dem lockeren Erdreich heraus nach oben zu klettern. An der Erdoberfläche sucht sich der Falter den nächstgelegenen erhöhten Gegenstand (meist pflanzlicher Natur) und klettert dort einige Zentimeter hinauf. Die über dem Hinterleib noch weitgehend aufgerollten Flügel werden durch das Einpumpen von Luft bis in die Flügeladern nun langsam entfaltet. Bis die Flügel frei nach unten hängen und sich vollends entfaltet haben, vergehen etwa 40 Minuten. Es dauert jedoch noch ungefähr 2–3 Stunden, bis die Flügel trocken, ausgehärtet und flugtüchtig sind. In der Regel schlüpfen die Totenkopffalter in den Abendstunden zwischen 18 und 21 Uhr, seltener später in der Nacht oder während des Tages. Die Falter fliegen nur selten vor dem nächsten Abend los.

Abb. 6.16: Nach dem Schlupf eines *Acherontia-atropos*-Falters: leere Puppenhülle (a), frisch geschlüpfter Falter vor (b) und während des Entfaltens der Flügel (c). Fotos: AHS.

Die Entwicklungszeiten der Raupen und die Lebenserwartung der Imagines sind von vielen unterschiedlichen Faktoren (u. a. Temperatur, Luftfeuchtigkeit, Tageslänge bzw. Lichtangebot, Nahrung, Geschlecht) abhängig. Die nachfolgenden Daten sind daher variable Durchschnittswerte (bei einer Temperatur von 26 °C/Tag und 20 °C/Nacht) für *Acherontia atropos*:

Von der Befruchtung bis zur Eiablage: 1–10 Tage

Vom Ei bis ex ovo (= bis zum Schlupf): 4–8 Tage

Von L1 bis L2: 3–5 Tage

Von L2 bis L3: 4–7 Tage

Von L3 bis L4: 5–10 Tage

Von L4 bis L5: 7–10 Tage

Von L5 bis Puppe (ex larva): 9–15 Tage

Von der Puppe bis zur Imago: 28–42 Tage

Imago bis zur 1. Kopulation/Befruchtung: 1–6 Tage

Gesamte Lebensdauer als Raupe: 30–50 Tage

Gesamte Lebensdauer als Falter: 14–35 Tage

Gesamte Lebenserwartung von *A. atropos*: 44–87 Tage

6.9 Überwinterung des Totenkopfschwärmers

Um den mitunter recht kalten Winter in Mitteleuropa erfolgreich zu überstehen, kommen für die Schmetterlinge grundsätzlich fünf Strategien infrage: die Überwinterung als Falter, als Puppe, als Raupe, als Ei oder durch das Abwandern in den wärmeren Süden.

Auch wenn der Totenkopfschwärmer *Acherontia atropos* zu den Arten gehört, die eine Überwinterung als Puppe vollziehen, ist diese in Deutschland meist nur in einem recht milden Winter erfolgreich.

6.9.1 Überwinterung als Falter

Von den über 180 Tagfalterarten in Deutschland überwintern hier nur wenige Arten als Falter, dazu zählen Kleiner Fuchs (*Aglais urticae*), Tagpfauenauge (*Inachis io*), Zitronenfalter (*Gonepteryx rhamni*), C-Falter (*Polygonia c-album*), Trauermantel (*Nymphalis antiopa*) und Großer Fuchs (*Nymphalis polychloros*). Im Herbst suchen sich die Falter geschützte Stellen in der Natur, wie hohle Bäume, Rindenspalten oder Höhlen, im Siedlungsbereich bieten Garagen, Holzschuppen, Kellerräume oder Dachböden einen Überwinterungsplatz. Gelegentlich verirren sie sich und dringen dabei bis in unsere Wohnräume vor. Im Frühjahr können die Falter schon bei der ersten größeren Erwärmung wieder auftreten, wogegen die in beheizten Wohnräumen überwinternden Falter (aufgrund der höheren Temperaturen) mitunter mitten im Winter aus der Winterruhe erwachen, sie sollten dann am besten im kühlen Keller oder anderen ungeheizten Räumen untergebracht werden.

6.9.2 Überwinterung als Ei

Die im Sommer und Herbst an Pflanzenteilen abgelegten Eier überwintern ohne besonderen Schutz, hierzu zählen die Eier des Apollofalters (*Parnassius apollo*) und des Nierenfleck-Zipfelfalters (*Thecla betulae*). Die Raupen schlüpfen im Frühjahr, aber bis diese erwachsen sind und sich verpuppen, vergeht viel Zeit, sodass die Falter erst ab Juni/Juli und manche auch erst im August schlüpfen.

6.9.3 Überwinterung als Raupe

Die Raupen überwintern je nach Art und Raupenstadium (von der Jungraupe über das halberwachsene bis zum letzten Stadium) unterschiedlich, manche Arten bauen sich ein Überwinterungsgespinst, verkriechen sich in der Vegetation oder überwintern sogar recht ungeschützt festgesponnen an Pflanzenteilen, wie z. B. die Raupen des Großen Schillerfalters (*Apatura iris*). Die Raupen des Ameisenbläulings (*Phengaris*) überwintern geschützt in den Nestern von Ameisen, wo sie sich im Frühjahr auch verpuppen. Die Raupen des Schachbrettfalters (*Melanargia galathea*) überwintern ebenfalls und fressen meist im Frühjahr noch weiter und verpuppen sich erst später. Ab Mai/Juni sind dann die ersten Falter der zuvor überwinterten Raupen zu sehen.

6.9.4 Überwinterung als Puppe

Die Seltenheit einiger Arten erklärt sich durch die Überwinterungsstrategie als Puppe, wie sie z. B. Schwalbenschwanz (*Papilio machaon*), Aurorafalter (*Anthocharis cardamines*) und Weißlinge (Pieridae) vollziehen. Die Puppen der Falter sind z. B. beim Schwalbenschwanz an den Stängeln von Pflanzen angesponnen, um den Winter zu überstehen. Durch die Angewohnheit des Menschen, besonders im Herbst in Garten, Feld und Flur »Ordnung zu schaffen«, gibt es immer weniger Plätze, an denen die Puppen den Winter überdauern und die Falter im Frühjahr (ca. April/Mai) wiedererscheinen können.

6.9.5 Rückwanderung in den wärmeren Süden

Manche Arten können den Winter bei uns, d. h. in Mitteleuropa, nicht oder nur in Ausnahmefällen überstehen. Das hiesige Vorkommen dieser Arten, zu denen unter anderem Admiral (*Vanessa atalanta*), Distelfalter (*Vanessa cardui*), Postillion (*Colias croceus*), Taubenschwänzchen (*Macroglossum stellatarum*) und der Totenkopfschwärmer (*Acherontia atropos*) zählen, besteht aus den im Frühsommer (meist aus Südeuropa) eingeflogenen Faltern. Diese Wanderfalter treten von Jahr zu Jahr mit sehr unterschiedlicher Häufigkeit auf, je nachdem, wie günstig die Einwanderungsbedingungen waren. Im Hochsommer sind dann die ersten Falter der Nachfolgegeneration der zugezogenen Falter zu sehen. Von dieser Nachfolgegeneration versuchen einzelne Falter im Herbst auch eine Rückwanderung in den wärmeren Süden.

7 Verbreitung und Lebensraum der *Acherontia*-Arten

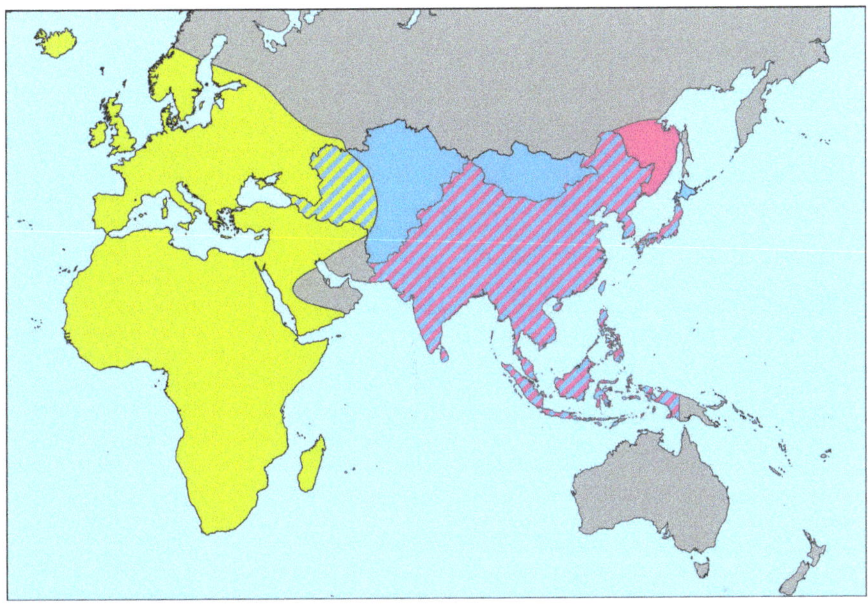

Abb. 7.1: Verbreitungsgebiete von *Acherontia atropos* (gelb), *A. lachesis* (pink) und *A. styx* (blau). Grafik: B. EVERS, Weltkarte © 2020 Esri.

7.1 Gesamtverbreitung

7.1.1 Vorkommen von *A. atropos*

Das ursprüngliche und hauptsächliche Vorkommen der Art liegt in der Afrotropis (= Äthiopis), der afrikanischen Region südlich der Sahara. Weiterhin erstreckt sich das Verbreitungsgebiet über Nordafrika, den Mittelmeerraum und den Nahen Osten, wo Gebiete vom Osten der Türkei, des Nordostens des Irans bis in die Ukraine, nach Turkmenistan, Kuwait und Saudi-Arabien dauerhaft von *A. atropos* besiedelt sind. In Europa kommt die Art an den südlichsten Küsten des Mittelmeeres und auf den mediterranen Inseln sowie auf den kanarischen Inseln, Madeira und den Azoren dauerhaft vor.

Im Sommer fliegt der Wanderfalter gelegentlich auch weiter nördlich und kann dabei tiefer nach Nordeuropa und bis nach Island vordringen. Die nördlichste nachgewiesene Verbreitung liegt in Russland (im Ort Izvail/Republik Komi). In den afrikanischen Tropen führen die Wanderflüge bis nach Ascension im Südatlantik (de Freina & Witt 1987).

Distribution – Funde von *A. atropos*

Archangelsk-Oblast/Nordrussland (Kozlov, Kullberg & Zverev 2014)

Azoren/Portugal (Meyer 1991)

Dagestan/Russland (Didmanidze, Petrov & Zolotuhin 2013)

Georgien (Didmanidze, Petrov & Zolotuhin 2013)

Iran, nordöstlicher (Bienert 1870; Sutton 1963)

Izvail/Russland (Tatarinov, Sedykh & Dolgin 2014)

Kanarische Inseln/Spanien (Martin, Barnett & Emms 2000)

Kasachstan, nordöstliches: Stadt Pavlodar (Dubatolov & Titov 2011)

Kuwait (Pittaway 1993)

Madeira/Portugal (Martin, Barnett & Emms 2000)

Mesopotamien (Wiltshire 1957)

Saudi-Arabien, westliches (Wiltshire 1986)

Türkei (Daniel 1932; de Freina 1979)

Turkmenistan (Danov & Pereladov 1985; Danner, Eitschberger & Surholt 1998)

Udmurtien/Russland (Bolshakov & Okulov 2014)

Ukraine (Dubatolov 1999)

Zypern (Lewandowski & Fischer 2002)

7.1.2 Vorkommen von *A. lachesis*

Nahezu in der gesamten Orientalis von Indien, Pakistan, China und Nepal bis zu den Philippinen, ferner vom südlichen Japan und dem Süden des östlichen Russlands bis nach Indonesien sind *A. lachesis* verbreitet. Auch ein Vorkommen auf Hawaii ist dokumentiert.

7.1.3 Vorkommen von *A. styx*

A. styx ist in Nordindien, Sri Lanka, im Tenassarim-Gebirge und in Saudi-Arabien verbreitet und dringt westwärts gelegentlich bis in die Türkei vor. Die Unterart *A. styx crathis* Rothschild & Jordan 1903 kommt in Japan, China, auf der malaiischen Halbinsel, östlich über den malaiischen Archipel bis Kisser, Celebes und Ceram vor (Reinhard & Harz 1996). Vom Norden Zentralchinas, dem Westen Chinas und dem Norden Thailands ist die Nominatunterart nach Westen über Myanmar, Indien, Nepal, Pakistan und den Iran bis nach Saudi-Arabien und den Irak verbreitet. Die Unterart *A. styx medusa* lebt vor allem im Osten Asiens und Nordosten Chinas sowie auf den Inseln des Indonesischen Archipels von Borneo, Sumatra und den Philippinen östlich bis zu den Molukken.

7.2 Lebensraum

Das natürliche Habitat von *A. atropos* bilden offene, trockene und buschige Gebiete, in denen die bevorzugten Nahrungspflanzen der Raupen (u. a. besonders Nachtschattengewächse) vorkommen. Dort werden sonnige Gebiete in den niederen Höhenlagen bevorzugt. In Mitteleuropa ist *A. atropos* überwiegend zum Kulturfolger geworden und besiedelt jene Regionen, in denen Kartoffeln angebaut werden. Während die Eier- und Larvenstadien von *A. atropos* an den bevorzugten Nahrungspflanzen (häufig Kartoffel) vorzufinden sind, halten sich die Falter tagsüber meist versteckt auf Büschen oder in Rindenspalten von Bäumen und in anderen dunkel gelegenen Nischen auf.

Die Imagines von *A. atropos*, so wie die von *A. lachesis* und *A. styx*, sind in der Nähe von Wildbienennestern und ebenso in der Nähe von kultivierten Bienenstöcken anzutreffen. Auch an Ligusterhecken und in mehr oder weniger unmittelbarer Nähe zu den zahlreichen Nahrungspflanzen der Raupen halten sich die Falter auf. Obwohl die recht auffälligen und großen Falter meist in besiedelten Gebieten vorkommen, werden sie nur selten entdeckt.

Die Puppen der Totenkopfschwärmer finden sich hierzulande meist nur, wenn Kartoffelfelder gepflügt werden. Häufig liegen die Puppen in nur 5–10 cm Tiefe unter der Erdoberfläche, selten tiefer als 15 cm. Im Allgemeinen vergraben sich die (gegebenenfalls überwinternden) Puppen im Freiland tiefer im Erdreich als die im Wohnraum gepflegten Tiere, wo sich die Raupen meist etwa 3–8 cm unter dem Bodensubstrat verpuppen. In der Regel liegen die Puppen (waagerecht) unweit von den Pflanzen entfernt, von denen sich die Raupen zuvor ernährt haben, so dass es auch vorkommen kann, dass die Puppe im Wurzelbereich der gleichen (eventuell gar derselben) Pflanze liegt, an der sie mehrere Wochen zuvor noch als Raupe aus dem Ei geschlüpft ist.

Aufgrund des relativ hohen Wärmebedarfs sind Raupen und Puppen von *A. atropos* nur in den niederen Höhenlagen aufzufinden (in Baden-Württemberg z. B. vom Flachland bis etwa maximal 700 m ü. d. M.; EBERT 1994). Die Flughöhe der Falter während der Wanderflüge ist deutlich höher als sonst üblich. So wurden Exemplare in den Alpen (bei Graubünden) auf Gletschern in 3000 m, auf Silvretta in 2000 m ü. d. M. nachgewiesen (EBERT 1994).

8 Krankheiten, Parasiten, natürliche Feinde und andere Bedrohungen

Um diverse Insektenarten, die der Mensch gemeinhin als Schädling, Parasit oder Schmarotzer bezeichnet und die sich meist durch massenhaftes Auftreten auszeichnen, zu töten, auszurotten oder auch nur zu vertreiben, werden viele Milliarden Dollar jährlich ausgegeben. Hinsichtlich der forcierten Forschung nach immer wirksameren Giften oder alternativ nach biologischen »Waffen« (z. B. spezielle Schlupfwespenarten) gegen »Schadinsekten« drängt sich der Vergleich mit einem von der industrialisierten Forst- und Agrarwirtschaft geführten Krieg auf.

Abgesehen von Vergiftungen durch Insektizide kommen für die Dezimierung von Insekten auch andere Ursachen infrage. Neben einer chemischen Intoxikation über die Nahrungspflanzen und Verletzungen durch natürliche Fressfeinde oder Parasiten können sowohl Krankheiten, die durch Protozoen oder Pilze hervorgerufen, als auch solche, die durch verschiedene bakteriologische und virologische Erreger verursacht werden, für ein frühzeitiges Absterben der Eier, Larven oder Imagines verantwortlich sein. Über solche natürlichen Ursachen und eventuelle Behandlungsmöglichkeiten ist bei Insekten allerdings bislang nur wenig bekannt.

Bei der Haltung und Vermehrung von Totenkopfschwärmern ist es daher sehr wichtig – neben den richtigen Parametern bei Temperatur, Beleuchtungsdauer bzw. Tageslänge – möglichst frische und unbelastete (d. h. von chemischen Giften freie) Futterpflanzen anzubieten und auf Sauberkeit zu achten. Um Infektionskrankheiten, Pilze und massenhaftes Auftreten von Milben, Nematoden oder Buckel- bzw. Rennfliegen (Phoridae) möglichst zu verhindern, müssen Kot und Nahrungsreste regelmäßig entfernt werden. (Siehe Kapitel 12)

Abb. 8.1: Erkrankte Raupen (links) und Puppen (rechts) sind meist auch äußerlich an ihren Deformierungen zu erkennen. Fotos: S. Schorn.

8.1 Viruskrankheiten

Die Viruskrankheit Polyedtie äußert sich darin, dass sich die infizierten Raupen oben auf der Nahrungspflanze versammeln und kopfabwärts schlaff herunterhängen. Ihre Innereien verwandeln sich in eine dünne, braune, übelriechende Flüssigkeit (Moucha & Novak 1972, S. 39). Die Raupen können eine schwächere Infektion mit diesem Virus überleben, die Krankheitskeime gehen dann in die Puppen und Imagines über. Zu den Viruskrankheiten zählen auch die Granulosenen, die vor allem bei den Arten, die als Ernte-, Vorrats-, Holz- etc. Schädlinge verfolgt werden, Gegenstand der pharmazeutischen und biochemischen Forschung sind.

8.2 Erkrankungen durch Bakterien und Protozoen

Von der Vielzahl von Krankheiten, die durch bestimmte Bakterien hervorgerufen werden, sind besonders die Raupen betroffen. Als Folge von Virus- und Bakterienkrankheiten werden die infizierten Raupen zunächst weich und die inneren Organe beginnen sich aufzulösen. Eine sehr bekannte bakterielle Erkrankung wird durch den *Bacillus thuringiensis* Berliner, 1915 hervorgerufen. Im Gegensatz zu den chemischen Giften, die in immer größeren Mengen gegen sogenannte Schädlinge eingesetzt werden, hat die Aufnahme dieser für Insekten tödlichen Mikrobe keine gefährlichen Folgen für Menschen und andere Wirbeltiere. Bei der bakteriologischen Schädlingsbekämpfung eingesetzt, infizieren sich die Raupen über die Nahrungsaufnahme und gehen daran zugrunde.

In die große Gruppe der Infektionskrankheiten, die durch Protozoen hervorgerufen werden, gehört die Microsporidiasis. Durch eine Infektion mit Microsporidia können einzelne Organe erkranken oder auch eine Totalinfektion auftreten. Zu den bekanntesten gehört die sogenannte Pébrine oder Fleckenkrankheit des Seidenspinners (*Bombyx mori*), deren Erreger die *Nosema bombycis* (Nägeli, 1857) ist. Eine ähnliche Krankheit – und Todesursache vieler Schmetterlingsraupen – wird durch die *Nosema mesnili* Paillot hervorgerufen.

8.3 Erkrankungen durch Pilze

Auch bei den Erkrankungen, die durch bestimmte Pilze hervorgerufen werden, sind besonders die Raupen (und andere Larvenformen der Insekten) gefährdet. Häufig verursacht der Pilz *Tarichium megaspermum* Cohn, eine Krankheit, bei der sich die infizierten Raupen zunächst gelblich, dann bräunlich und schließlich ganz schwarz färben. Währenddessen verzehrt der parasitische Pilz die inneren Organe und füllt die Körper unter der Oberhaut mit seinen Sporen aus. Ein weiterer, häufig auftretender pathogener Pilz ist *Beauveria bassiana*, die von ihm verursachte Krankheit tötet zum Beispiel die Raupen des Apfelwicklers (*Cydia pomonella*), des Kleinen Kohlweißlings (*Pieris rapae*) und der Rübenmotte (*Scrobipalpa ocellatella*).

8.4 Parasiten und Parasitoide von *A. atropos*, *A. lachesis* und *A. styx*

Die zahlreichsten und bedeutendsten Feinde der Totenkopfschwärmer sind Parasiten, speziell sind diese unter den sog. Parasitoiden wie u. a. Schlupfwespen (Ichneumonidae), Brackwespen (Braconidae), Grabwespen (Spheciformes), kleinen Erzwespen (Chalcidoidea) und Raupenfliegen (Tachinidae) zu finden. Von den weltweit etwa 8 000 Arten der Raupenfliegen kommen in Mitteleuropa etwa 500 Arten vor. Die Raupenfliegen sind nahe mit den Dasselfliegen (Oestridae) verwandt, deren Larven sich als Parasit vorwiegend in Säugetieren entwickeln, sie sehen oberflächlich der Gemeinen Stubenfliege (*Musca domestica*) recht ähnlich. Während sich die meist tagaktiven Raupenfliegen vor allem von Blütennektar und Honigtau ernähren, leben die Larven dieser Dipteren (Zweiflügler) als Endoparasiten in ihrem Wirt. Einige Arten haben sich auf einen bestimmten Wirt (zum Beispiel Wanzen, Käferlarven) spezialisiert und erfüllen daher in der Landwirtschaft wichtige Funktionen als biologische Schädlingsbekämpfer.

Die Schmarotzer- oder Raupenfliege klebt ihre Eier meist direkt an eine Raupe an. Unmittelbar danach oder nach kurzer Zeit schlüpfen die winzigkleinen Larven und dringen durch die Oberhaut ins Innere der Raupe ein. Manche Arten aus der Ordnung der Hautflügler (Hymenoptera) befallen sogar die Eier des Totenkopfschwärmers (und anderer Lepidoptera), wie zum Beispiel einige Vertreter der Zehrwespen (Proctotrupidae).

In Mitteleuropa bilden die Schlupfwespen (Ichneumonidae) die artenreichste Familie der Hautflügler (Hymenoptera), sie gehören der Teilordnung der Legimmen (Tenebrantia) an. Die meist langbeinigen und filigran gebauten Imagines fliegen den künftigen Wirt ihrer Nachkommen an und stechen ihren Legestachel zur Eiablage hinein. Manche Schlupfwespen haben sich auf Spinneneier spezialisiert, die meisten Arten parasitieren an Insektenlarven, am häufigsten an den Raupen der Schmetterlinge. Die Parasitierungsraten in der Natur sind oft beträchtlich und können hohe Werte von über 50 % erreichen, bei Massenentwicklungen der Wirtsart können von diesen sogar gut 90 % mit den Parasiten befallen sein. Daher fungieren die Schlupfwespen als sehr wichtige Antagonisten vieler Schädlingsarten und halten deren Populationen auf natürliche Weise in Grenzen. Einige Schlupfwespenarten werden kommerziell gezüchtet und in der biologischen Schädlingsbekämpfung (zum Beispiel zur Kontrolle von Holzschädlingen, Lebensmittel- oder Kleidermotten o. Ä.) eingesetzt. In der Schlupfwespen-Unterfamilie Campopleginae besitzen manche Arten einen endogenen viralen Vektor (aus der Familie der Polydnaviridae, wird in den Ovarien der Schlupfwespen gebildet), der die Immunreaktion, den Stoffwechsel und das Verhalten der Wirtsraupe verändert. Aus den Eiern (manche Schlupfwespen-Arten legen auch nur ein oder zwei Eier pro Wirt) schlüpfen recht bald die Larven, die sich zunächst nur vom Fettkörper der Raupe ernähren und alle lebenswichtigen Organe unbehelligt lassen. Die Raupe wächst so weiter heran, doch die parasitierenden Wespenlarven in ihrem Inneren ebenso – sind es viele, so wird die Raupe förmlich von innen heraus aufgefressen, noch bevor sie sich verpuppen kann.

In manchen Fällen überlebt die Raupe bis zur Verpuppung, bevor sie von innen völlig leergefressen ist. Somit vollzieht sich in der Puppenhülle nach einiger Zeit die Metamorphose der Schlupfwespen – nur schlüpft hier kein Falter, sondern stattdessen eine neue Generation der Schlupfwespen.

Tabelle 8.1: Schlupfwespen- und Raupenfliegenarten als Parasiten von *A. atropos*

Schlupfwespen (Ichneumonidae)	**Raupenfliegen (Tachinidae)**
Amblyjoppa fuscipennis	*Compsilura concinnata*
Amblyjoppa proteus	*Masicera pavoniae*
Callajoppa cirrogaster	*Winthemia rufiventris*
Callajoppa exaltatoria	
Diphyus longigena	
Diphyus palliatorius	
Ichneumon cerinthius	
Netelia vinulae	

Aus Mitteleuropa und darüber hinaus offenbar aus dem gesamten Gebiet nördlich der Alpen liegen sehr wenig Fälle von parasitierten Raupen vor (Reinhardt & Harz 1996). Im Süden sind Raupenfliegen (Tachinidae) häufige Endoparasiten des Totenkopfschwärmers. Auf der kanarischen Insel La Palma (Spanien) sammelte Rose (1974) 200 Raupen, von denen 70 % von Tachinidae parasitiert waren. Egger (1975) fand 1970 in Österreich eine Raupe, aus der nach der Verpuppung 37 Individuen der Raupenfliege *Ernestia rudis* geschlüpft waren.

Die Grabwespe *Erythrocephala* Fabricius, 1781 (Syn. *Ammophila fuscipennis* F. Smith, 1870) wurde von Misra (1984) als Räuber von *Acherontia-lachesis*-Raupen beobachtet. Unter den Schlupfwespen parasitieren *Amblyjoppa cognatoria* und *Quandrus pepsoides* die Raupen von *A. lachesis*.

Unter den spezialisierten Feinden von *Acherontia styx* ist in Indien die Schlupfwespenart *Quandrus pepsoides* bekannt, die ihre Eier auf die Eier ihres Wirtes legt. Die befallenen Eier verfärben sich mit der Entwicklung der Parasitenlarven fleckig schwarzweiß. Als Parasitoid der Eier von *A. styx* ist aus Indien auch die Schlupfwespe *Trichogramma chilonis* bekannt. In einer Studie wurden dort Blätter mit Eiern eingesammelt und die Entwicklung der Eier im Labor überwacht. Es stellte sich heraus, dass bis zu 87,8 % der Eier durch *Trichogramma chilonis* parasitiert waren. Eine Analyse der ebenfalls im Rahmen dieser Studie durchgeführten Freilandbeobachtungen ergab, dass insgesamt 96,3 % der Eier von *A. styx* von *T. chilonis* und weiteren Fressfeinden vernichtet wurden (Ram et al. o. J.).

Abb. 8.2: Durch den Befall von Schlupfwespen (Parasitoiden) verendete Raupe. Foto: J. Morisse.

8.5 Natürliche Fressfeinde

Die größte Gruppe der natürlichen Fressfeinde der Falter stellen die Fledermäuse, daneben gehören auch einige dämmerungs- und nachtaktive Vogelarten dazu. Daneben finden sich auch unter den Reptilien und Amphibien zahlreiche Arten, die Falter und Raupen von *A. atropos* nicht verschmähen würden.

Den Raupen wird von einer größeren Anzahl möglicher Prädatoren nachgestellt. Unter den Arthropoden zählen besonders Ameisen (Formicidae), Laubheuschrecken (Tettigonioidea), einige Laufkäfer (Carabus-Arten), größere Spinnen (Arachnida) sowie Hundertfüßer (Chilopoda, speziell aus der Gattung *Scolopendra*) zu den natürlichen Fressfeinden. Während die Totenkopfschwärmer in den Larvenstadien auch von größeren Gottesanbeterinnen (Mantodea) erbeutet und gefressen werden, sind die fertig entwickelten Imagines aufgrund der eher nachtaktiven Lebensweise relativ sicher vor diesen Lauerjägern, da die Mantodea-Arten allesamt tagaktiv sind. Weiterhin stellen auch viele Vogelarten den Raupen nach. Meisen verstehen sich sogar darauf, Schmetterlingseier zu sammeln. Aus den Gruppen der Kleinsäuger sind typische Fressfeinde der Raupen vor allem Igel und andere Insektenfresser wie auch einige Nagetiere – insbesondere verschiedene Mäusearten (vor allem Spitzmäuse) – und Vertreter der Bilche (Gliridae) wie Siebenschläfer, Gartenschläfer oder Haselmaus.

Die verpuppten *Acherontia atropos* werden von Wildschweinen, Igeln, Maulwürfen und Mullen aufgestöbert und gefressen. Während der Kartoffelernte ausgepflügte Puppen werden häufig von Staren, Krähen und Möwen, die die Erntemaschinen begleiten, gefressen.

Abb. 8.3: Gottesanbeterinnen (Mantodea) sind natürliche Feinde, denen eher die Larven zum Opfer fallen. Sie verschmähen aber auch Imagines nicht, wie der Blick ins Terrarium zeigt: Totenkopfschwärmer im Griff einer *Mantis*. Foto: S. Schorn.

Die Fledermäuse sind dank ihrer Echopeilung äußerst geschickt darin, Nachtfalter (und andere Insekten) während des Fluges zu erbeuten. Die Nachtfalter sind den Jägern aber keineswegs völlig hilflos ausgeliefert, sondern haben im Verlauf der Evolution viele verschiedene Strategien entwickelt, um diesen Prädatoren entkommen zu können. So ist ein regelrechter Wettstreit zwischen Fledermaus und Motte entfacht, um sich am Nachthimmel zu behaupten. Zur Strategie der Falter gehören aufwändige Flugmanöver wie Zickzackflug oder plötzlicher Sturzflug, und einige Mottenarten (z. B. Bärenspinner [*Arctiidae*]) senden Störgeräusche im Ultraschallbereich aus, die eine genaue Ortung auf dem Radar der Fledermäuse unmöglich machen.

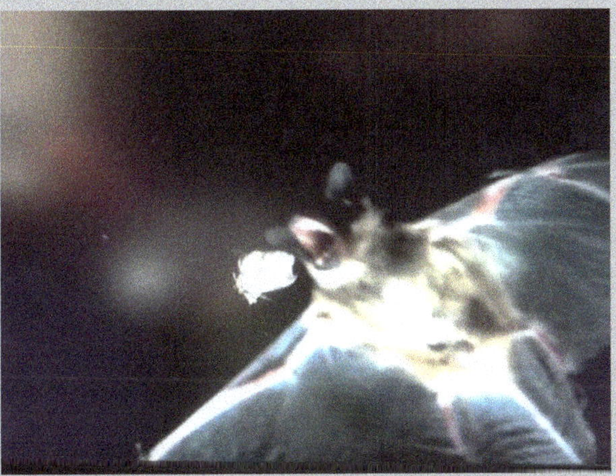

Abb. 8.4: Eine Fledermaus kurz vor dem Erbeuten eines Nachtfalters. Foto: J. Golla.

9 Gefährdung und Schutzstatus

Die Vorliebe für Kartoffelpflanzen wird dem Totenkopfschwärmer häufig zum Verhängnis. Die landwirtschaftliche Ernte verursacht hohe Verluste bei den Raupen und ebenso den Puppen, und auch die vielfach eingesetzten Insektizide und Pflanzenschutzmittel führen nicht selten zur Vernichtung ganzer Populationen.

Die in Nord- und Mitteleuropa heimischen Populationen sind dadurch dennoch nicht gefährdet, da das Vorkommen in Europa allein durch die aus dem Süden eingewanderten Tiere gewährleistet wird. Der Totenkopfschwärmer gilt aufgrund seiner weiten Verbreitung und relativen Häufigkeit als nicht gefährdet und wird daher in den Ländern Mitteleuropas meist nicht in der Roten Liste gefährdeter Arten aufgeführt. In Deutschland ist *Acherontia atropos* als Wanderfalter gelistet und als ungefährdet eingestuft. In der Bundesartenschutzverordnung (BArtSchV) ist er nicht aufgeführt.

Die Bundesartenschutzverordnung nennt in der Anlage 1 zahlreiche besonders geschützte Schmetterlingsarten. Auch wenn das Fangen und Sammeln dieser Arten gesetzlich verboten ist, kann dadurch die Gefährdung, die durch Verlust von Lebensräumen besteht, nicht bekämpft werden. Einen Überblick der gefährdeten Arten der Großschmetterlinge gibt die Rote Liste. Nur etwa die Hälfte aller Schmetterlingsarten in Deutschland wird noch nicht als gefährdet eingestuft, einige Arten gelten bereits als ausgestorben oder verschollen. Weitere Informationen finden sich auf den Webseiten des BMUV und der Naturschutzverbände (siehe Anhang).

Neben den natürlichen Fressfeinden, Krankheiten und Parasiten gefährden vor allem anthropogene Ursachen den Bestand der Insektenwelt, wie es auch für die meisten Pflanzen und Tiere zutrifft. Die industrialisierte Landwirtschaft gilt mit der Überdüngung, der Zerstörung von Biotopen und besonders mit dem oft übertriebenen und prophylaktischen Einsatz von Insektiziden (Neonicotinoide, Glyphosat u. a. m.) als Hauptverursacher des Insektensterbens. Die Pestizide belasten neben den Kulturpflanzen auch die wenigen verbliebenen Wildpflanzen – die Nahrungsgrundlage für viele Insekten – und gelangen über die überdüngten und vergifteten Böden ins Grundwasser.

Daneben ist auch die zunehmende Lichtverschmutzung speziell für die Nachtfalter, wie es die Totenkopfschwärmer sind, eine große Gefahr. Durch die Straßenbeleuchtung, Reklameschilder und andere künstliche Lichtquellen angezogen, fliegen die orientierungslosen Falter (und andere Insekten) bis zur völligen Erschöpfung um die Lichtquellen herum. Werden sie dort nicht schon nachts von Fledermäusen und anderen Fressfeinden erbeutet, enden sie dann am nächsten Tag als Nahrung für Vögel oder Kleinsäuger, werden überfahren oder sterben an Unterernährung.

Insektensterben – Katastrophe des 21. Jahrhunderts?

Seit einigen Jahren wird in den öffentlichen Medien, in Natur- und Umweltschutzverbänden und in interessierten Teilen der Bevölkerung über das Insektensterben diskutiert. Der Begriff »Insektensterben« bezeichnet einerseits den Rückgang der Artenzahl von Insekten (Biodiversität) und andererseits die Dezimierung der Anzahl der Insekten in einem bestimmten Gebiet.

Nach Untersuchungen im Bundesland Nordrhein-Westfalen, der sog. Krefelder Studie, ist die Biomasse der Fluginsekten seit 1989 mancherorts um bis zu 80 % zurückgegangen. Dabei befindet sich nicht nur die Anzahl der Arten, sondern auch die der Individuen in einem dramatischen Sinkflug.

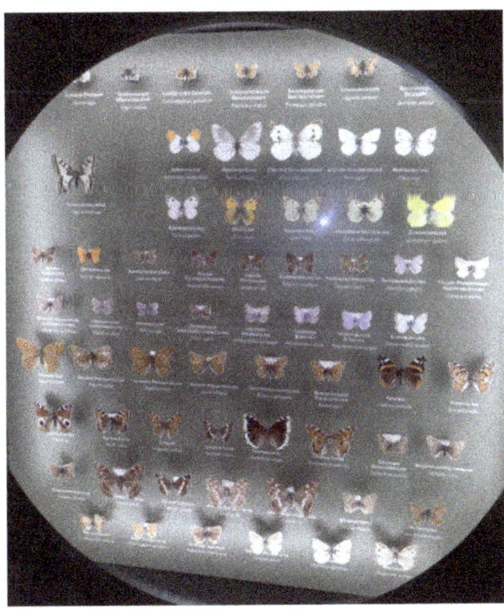

Abb. 9.1: Anzahl der Tagfalterarten in Düsseldorf 2009 (links) und 2019 (rechts). Fotos: S. Schorn.

Insekten sind die Grundlage unseres Ökosystems und machen etwa zwei Drittel allen Lebens auf der Erde aus. Viele Tierarten, unter anderem Fische, Amphibien, Reptilien, Vögel, insektenfressende Säugetiere und letztendlich auch der Mensch sind auf Insekten als Nahrungsquelle angewiesen. Auch in Mitteleuropa, so sagen Wissenschaftlerinnen und Wissenschaftler, wird der Verzehr von Insekten als Lebensmittel mit der Zeit deutlich zunehmen, wie es – ökologisch und wirtschaftlich sinnvoll – in vielen anderen Regionen der Welt schon seit Langem der Fall ist. Als Bestäuber von rund 90 % aller Wild- und etwa 75 % aller Nutzpflanzen sind Insekten für den Arterhalt und die Fortpflanzung dieser Pflanzen von großer Bedeutung.

Auch bei der Zersetzung und biologischen Verwertung von Aas, Kot und Totholz spielen Insekten eine zentrale Rolle und sind damit wesentlich an der Vorbeugung vor Krankheitserregern oder Seuchen beteiligt. In einer Welt ohne Insekten würden auch zahllose Pflanzen und viele weitere Tiergruppen aussterben, ihre toten Körper würden Berge von Kadavern, Kot und verwesender Biomasse zurücklassen, der Verwesungsgeruch wäre weitaus weniger erträglich und die mit Gülle überdüngten, nitratbelasteten Ackerflächen der heutigen konventionellen Landwirtschaft würden einen noch unangenehmeren Gestank als heutzutage verbreiten.

Der großflächige und oft übertriebene Einsatz von Pestiziden, Herbiziden und anderen Umweltgiften in der Agrarwirtschaft – Großkonzerne erzielen mit Neonicotinoiden, Glyphosat und anderen Ackergiften immense Gewinne – macht nicht nur den sogenannten Schädlingen an den Monokulturen den Garaus, sondern auch vielen anderen (Insekten-)Arten. Am Ende auch uns Menschen? Letztlich gelangen diese Substanzen wie auch Nitrat durch übermäßige Düngegaben über das Grundwasser und als Teil unserer Nahrung wieder zu uns Menschen zurück.

Aber nicht nur als Blütenbestäuber, sondern auch als sogenannte Bioindikatoren erfüllen Schmetterlinge wichtige ökologische Funktionen. Wir wissen bereits, dass das Ökosystem ein eng verwobenes Netz aus dicht zusammenhängenden, miteinander agierenden Biotopen und der darin angepassten, oft hoch spezialisierten Lebewesen ist. So, wie im Meer am Anfang der Nahrungskette das Phytoplankton steht, das die Ernährungsgrundlage für kleine Krebstiere wie Mysis und Krill bildet, wovon sich wiederum unzählige andere Meeresbewohner bis hin zum Wal ernähren, so stehen auf dem Land neben den Pflanzen, Pilzen und allerlei Mikroorganismen die Insekten am unteren Ende der Nahrungskette. Die marinen Arthropoden sind für ein funktionierendes Ökosystem im Meer genauso unverzichtbar und (über-)lebenswichtig wie die an Land lebenden Wirbellosen.

Die gegenseitige Abhängigkeit zeigt sich am Beispiel der Symbiose von Bläulingen mit Ameisen (siehe Kap. 6.7.3) recht deutlich, aber es geht auch größer: Eine andere Form der Interaktion von Nachtfaltern mit größeren Säugetieren ist im Yellowstone Nationalpark in den USA zu beobachten. Hier ziehen jährlich im Herbst große Schwärme Nachtfalter aus der Familie der Eulenfalter (Noctuidae) ins Gebirge, wo sie wiederum Braunbären auch aus weiter entfernten Gegenden anlocken. Die Bären unternehmen beschwerliche Wanderungen in diese karge Gegend und werden mit sehr kleiner, aber proteinreicher Nahrung belohnt. Um die Speckschicht für den Winter aufzustocken, frisst ein Bär am Tag bis zu 40 000 Nachtfalter. Die Bären geben dieses Wissen um das jährliche Auftreten der Eulenfalter (ähnlich wie bei der Ankunft der wandernden Lachse) an ihre Nachkommen weiter.

Dennoch, dies ist nur ein Bruchteil vom ganzen Wissen über die Rolle der Schmetterlinge im Ökosystem, vieles ist und bleibt für Menschen unsichtbar und verborgen. Noch erscheint es uns wichtiger, an fragwürdigen Gewohnheiten festzuhalten. Das »Arbeiten für Konsum«-Prinzip und andere Abhängigkeiten haben den Menschen und seine Wahrnehmung längst in eine künstlich erschaffene Parallelwelt getrieben, weit von der Natur und der urtümlichen Umwelt entfernt. Das »Ausbeuter- und Zerstörer«-System des »modernen« Menschen ist ebenfalls dicht verflochten und durch gegenseitige Abhängigkeiten geprägt. Allein in Deutschland werden wir hinsichtlich der Nachfrage nach Energie, Lebensmitteln und anderen Konsumgütern noch vor 2050 die Ressourcen von drei Erden benötigen (nach Daten des Global Foodprint Network, Stand 2016).

Es liegt auf der Hand, dass besonders die Raupen und Puppen des Totenkopfschwärmers früher, d. h. in den sechziger und siebziger Jahren, als die Kartoffelernte zum Großteil noch von Hand erfolgte, weitaus häufiger und in größerer Anzahl gefunden wurden als heute, im industrialisierten Zeitalter der Technik, in dem Maschinen die meisten Arbeiten übernehmen.

Abb. 9.2: Bei der Kartoffelernte sind die Puppen von *A. atropos* heute seltener so zahlreich aufzufinden wie vor etwa 50 Jahren. Foto: J. Haxaire.

Nur an wenigen Orten der Welt gibt es noch unberührte, »paradiesische« Natur. Die Zerstörung des »Paradieses«, der Erde, aus wirtschaftlichen und finanziellen Interessen ist bereits so weit fortgeschritten, dass nicht nur ein großes Artensterben grassiert, sondern auch Flucht und Vertreibung des Menschen aus seinen angestammten Lebensräumen in immer größeren Maßstäben erfolgt. Betrachtet man allein die jährlichen Milliarden-Beträge, die für Militär und Kriegsgerät, für die industrielle Landwirtschaft und fragwürdige Zukunftstechnologien ausgegeben werden, und stellt diese den vergleichsweise geringen Summen gegenüber, die in den Natur- und Artenschutz investiert werden, könnte man stark vereinfacht sagen, dass für das Töten und Zerstören von Leben und Lebewesen deutlich mehr Geld und Energie eingesetzt wird als für deren Erhalt.

Die in vielerlei Hinsicht wirklichen Beherrscher der Erde, die Insekten, gehen massenweise zugrunde – es gilt jedoch als sicher, dass sie die Menschen überleben werden. In der erdgeschichtlichen Zeitspanne gesehen wäre das Auf- und Abtreten der Menschen nicht einmal ein kurzer Schnupfen, sondern allenfalls ein schnelles Niesen. Insekten dagegen existieren schon seit ca. 430–480 Millionen Jahren. Es würde an dieser Stelle zu weit führen, die Thematik näher zu beleuchten, es gibt zahlreiche Publikationen, die sich seit langer Zeit schon ausführlich damit befassen. Beispielhaft seien genannt: »Ein Planet wird geplündert. Die Schreckensbilanz unserer Politik« (1975) und »Himmelfahrt ins Nichts. Der geplünderte Planet vor dem Ende« (1992), beide von Herbert Gruhl.

Etwa seit Anfang der 1940er Jahre führte das massenhafte Auftreten von Kartoffelkäfern (*Leptinotarsa decemlineata*) und anderen Ernteschädlingen zum verstärkten Einsatz von Pflanzenschutzmitteln und Insektiziden, wie unter anderem dem berüchtigten »DDT« (Dichlordiphenyltrichlorethan), dessen Einsatz in den 1970er Jahren in den meisten westlichen Industrieländern verboten wurde. Die erste Langzeitstudie zum Insektensterben veröffentlichte das renommierte Wissenschaftsjournal PLOS ONE 2017 unter dem Titel »More than 75 percent decline over 27 years in total flying insect biomass in protected areas«. Die Ursachen des seit 1989 dramatischen Insektensterbens von 76 % in Schutzgebieten innerhalb Deutschlands scheinen unklar. Diskutiert werden die immer weiter voranschreitenden Biotopverluste (bei Pflanzen aufgrund erhöhten Stickstoffgehaltes; Stichwort Eutrophisierung von Magerrasen), die Zerstückelung der Landschaft, die schwindende Anzahl von Hecken und bepflanzten Randstreifen auf Feldern (heute meist großflächige Monokulturen) und der oft massive Einsatz von Pestiziden, Insektiziden und anderen Umweltgiften in der Agrarindustrie.

Wie drastisch der Rückgang der Insekten sowie der Biotope und vieler Pflanzenarten wirklich ist, ist den meisten Menschen (noch) nicht bewusst. Einige mögen sich über weniger Insektenleichen auf den Windschutzscheiben ihrer Fahrzeuge freuen, doch wo es vor 20, 30 Jahren summte und brummte, weil zahlreiche Insekten die farbenprächtige Blütenlandschaft am Wegesrand umschwirrten, ist es heute sehr still geworden. Viele Käfer, Hummeln, Wespen, Fliegen und andere Insektenarten sind mitsamt der Pflanzenvielfalt verschwunden – und am deutlichsten spürbar ist dies bei den Schmetterlingen. Wo vor etwa 25 Jahren noch über 60 Arten der Tagfalter regelmäßig in großen Populationen vorkamen, sind es heute neben Kohlweißling und Zitronenfalter nur eine Handvoll weiterer Arten, die noch gelegentlich (häufig nur vereinzelt oder paarweise) auftreten. Und noch immer werden weitere der wenigen verbliebenen Biotope zerstört, Wälder gerodet, Tümpel und Moore trockengelegt, Gräben zugeschüttet oder Wasserläufe in starre Betonbetten eingepfercht, selbst die schmalen Grünstreifen der Wegränder werden häufig als Viehfutter abgemäht. Neben der industrialisierten Landwirtschaft führt auch die fortschreitende großflächige Bebauung für Straßen und Wohnungen zum Habitatverlust vieler Arten, und infolge der Klimaerwärmung wird außerdem die geografische Verschiebung einiger Arten weiter voranschreiten.

Dem Insektensterben widmen sich einige Bücher, darunter »Das große Insektensterben. Was es bedeutet und was wir jetzt tun müssen« (2018) von Andreas H. Segerer und Eva Rosenkranz sowie »Schmetterlinge. Warum sie verschwinden und was das für uns bedeutet« (2018) von Joseph H. Reichholf.

Und ganz im Kleinen? Auch die privaten Gärten – früher üppig mit Blumen- und Gemüsebeeten besetzt – haben sich verändert. Beete wichen blumenlosen Rasenflächen oder starren Stein- und Betonaufbauten. Ein gepflegter, »sauberer« Garten ohne sogenannte »Unkräuter« wie Brennnessel und Löwenzahn und ohne Totholzecken galt lange als ordentlich. Auf die Spitze getrieben wird es mit den in den letzten Jahren aufgekommenen sogenannten »Schottergärten«, die großflächig mit Steinmaterial gestaltet sind und in denen Stauden, Gehölze und Grasflächen kaum vorkommen. Naturgärtner, die viele (Wild-)Pflanzen einfach wachsen und gedeihen lassen, sind (noch) vielen suspekt. Glücklicherweise hat ein Umdenken eingesetzt, ein langwieriger, aber notwendiger Prozess. Ökologischer Land- und Gartenbau, Blühstreifen an Ackerflächen, Dach- und Wandbegrünungen, naturnahes Gärtnern und die Umgestaltung von Garten- und Parkanlagen zum Lebensraum für Vögel und Insekten finden zunehmend mehr Mitstreiter und Mitstreiterinnen bei Privatpersonen, Initiativen, in Behörden oder Unternehmen und wichtigen Widerhall in Medien und Ratgebern.

Neben den Insekten sind auch viele weitere Tier- und Pflanzenarten auf der Erde in ihrem Bestand gefährdet oder unmittelbar vom Aussterben bedroht. Das erst kürzlich wissenschaftlich nachgewiesene Insektensterben ist nur ein Anfang und kleiner Ausschnitt der noch umfänglich zu leistenden Forschungsarbeit zum globalen Artensterben. Die Insekten bilden das Fundament eines gesunden Ökosystems, ohne sie bricht alles zusammen. Müsste allein ihr Beitrag zur Bestäubung kompensiert werden, würde das umgerechnet einen Ge-

genwert von gut 1,1 Milliarden Euro allein in Deutschland bedeuten (NABU Deutschland). Es ist zu hoffen, dass das Insektensterben als Katastrophe auch für die Menschheit angesehen und begriffen wird, ohne dass erst gravierende unmittelbare Auswirkungen auf den Menschen eintreten.

Die atomaren Katastrophen von Tschernobyl (1986) und Fukushima (2011), aber auch die durch das Coronavirus SARS-CoV-2 ausgelöste Pandemie (ab 2020) sind mahnende Beispiele.

»Die Welt, in der wir leben, ist uns von den Insekten nur geliehen worden.« schrieb einst der französische Naturwissenschaftler und Dichter Jean-Henri Fabre (1823–1915). Was ist, wenn er recht hat?

Abb. 9.3: Das Insektensterben wird vielfach künstlerisch verarbeitet, hier in der Zeichnung »Surreal« von Björn Goosses (a) und dem Cartoon von Schlorian (b). Foto (a): B. Goosses; Grafik (b): Schlorian.

10 Ökologische Bedeutung und Schadwirkung der *Acherontia*

Schmetterlinge haben als regelmäßige Blütenbesucher eine große ökologische Bedeutung, und auch die Schwärmer spielen im Allgemeinen eine wesentliche Rolle bei der Bestäubung. Neben dieser nützlichen Eigenschaft kann der ungehemmte Fraß ihrer Raupen allerdings problematisch werden.

Die Totenkopfschwärmer sind im Gegensatz zu vielen anderen Schwärmern als Blütenbestäuber bedeutungslos. Ihre Raupen allerdings haben ein sehr einseitiges Verhältnis zu ihren Wirtspflanzen, denn sie fressen einfach nur das Blattwerk auf und sind dabei sehr gefräßig.

> Manche Pflanzenarten mit sehr hohen Blütentrichtern sind sogar ausschließlich auf eine Bestäubung durch die Schwärmer angewiesen, da kein anderes Insekt über ähnlich lange Saugrüssel verfügt, die bei einigen Arten bis zu 28 cm lang sind. Ein berühmtes Beispiel stellt eine Orchidee aus der Gattung *Angraecum* dar. Diese auf Madagaskar endemische Art weist besonders tiefliegende Nektardrüsen auf. Zunächst war kein bestäubendes Insekt bekannt, aber Charles Darwin zeigte sich schon im Jahr 1862 davon überzeugt, dass es vor Ort einen (damals noch unentdeckten) Schwärmer mit entsprechend langem Saugrüssel geben würde. Der dann Jahre später tatsächlich entdeckte Schwärmer wurde *Macrosilia morgani praedicta* (Syn. *Xanthopan morganii praedicta*) »getauft« – *praedicta* bedeutet: »die Vorausgesagte«.

10.1 Nützliche Eigenschaften

In zahlreichen Ländern sind verschiedene Insekten als Nahrungsmittel für den Menschen beliebt. Unter den Schmetterlingen werden besonders die Raupen und Puppen einiger Arten als protein- und eiweißreiches Nahrungsmittel genutzt. Die gekochten Seidenraupenpuppen dienen vor allem in Ostasien als

Snack. Getrocknete Raupen werden unter anderem in Westafrika verzehrt, im südlichen Afrika sind es die sogenannten »Mopane Worms« – die Raupen des *Gonimbrasia belina*.

Bestimmte Schmetterlinge haben eine Bedeutung bei der Bekämpfung von unerwünschten Pflanzen. In Australien beispielsweise wurden 1925 die Raupen der Kaktusmotte (*Cactoblastis cactorum*) zur Eindämmung von eingewanderten Kakteen (Neophyten) eingesetzt.

Zur Gewinnung von Seide werden vor allem in China, Japan, Indien und Südeuropa die Raupen des Seidenspinners (*Bombyx mori*) gezüchtet. Sie ernähren sich ausschließlich von den Blättern der Maulbeerbäume, die für ihre Zucht kultiviert werden. In Europa dienen die getrockneten Seidenraupen unter anderem als Fischfutter.

10.2 Schadwirkungen

In der Regel sind kaum Schäden durch die Imagines der Totenkopfschwärmer zu erwarten. Obwohl sich sowohl die Falter von *Acherontia atropos* als auch die von *A. lachesis* und *A. styx* von Honig ernähren, sind dadurch keine nennenswerten Schadwirkungen bekannt.

Ein weitaus größeres Schadpotenzial haben im Allgemeinen hingegen Schmetterlingsraupen. Als sogenannte Forstschädlinge treten Arten wie der Eichenwickler (*Tortrix viridana*) auf, der besonders bei Massenentwicklungen (Kalamitäten) zum Problem wird. Sogenannte Kulturschädlinge sind zum Beispiel die Raupen des Großen (*Pieris brassicae*) und des Kleinen Kohlweißlings (*Pieris rapae*), denn sie können ganze Kohlfelder vernichten. Unter den Vorratsschädlingen finden sich einige Schmetterlingsarten, deren Raupen sich in Obst, Kartoffeln, Baumwolle, Blumenzwiebeln oder Samen entwickeln. Besonders bekannt als Haushaltsschädling ist die Kleidermotte (*Tineola bisselliella*), deren Raupen sich von vielen tierischen Substanzen wie Wolle, Federn, Filz, Seide und Pelz ernähren.

Abb. 10.1: Raupen wie die des Totenkopfschwärmers (*Acherontia atropos*) und des Atlasspinners (*Attacus atlas*) können beachtliche Schäden anrichten, binnen kurzer Zeit sind Zweige entlaubt. Durch ihre Position und Gestalt ist die Raupe von *Attacus* sp. während der Nahrungsaufnahme gut getarnt und erscheint wie die vertrockneten Adern eines Blattes. Fotos: S. Schorn.

Schäden durch Raupenfraß von *Acherontia atropos*, *A. lachesis* und *A. styx*

Seit dem Aufkommen der industrialisierten Agrarwirtschaft und mit dem verstärkten Einsatz von Insektiziden, Pestiziden und anderen Pflanzenschutzmitteln sind keine nennenswerten Schadwirkungen durch die Raupen von *Acherontia* dokumentiert. Historisch gesehen, gab es jedoch immer wieder Jahre, in denen massenhaft auftretende Raupen der Landwirtschaft, insbesondere an Kartoffelpflanzen, etwas seltener an Tomatenpflanzen, zu schaffen machten. Dies geschah beispielsweise im Jahr 1905 in weiten Teilen Mitteleuropas, wo die Raupen u. a. in Thüringen sogar mit amtlicher Anordnung gezielt bekämpft wurden.

A. atropos: Die heute wichtigste Nahrungspflanze von *A. atropos* – die Kartoffel – wurde um 1565 erstmals von Amerika nach Europa importiert, der Anbau im großen Stil erfolgte in weiten Teilen Europas erst ab dem 18. Jahrhundert. Behauptungen, dass *A. atropos* erst durch die Kartoffel in Europa auftrat oder mit den Kartoffeln eingeschleppt wurde, sind nicht richtig. Der Totenkopfschwärmer kam schon vor dieser Zeit in Europa vor, in Teilen Südeuropas war die Art auch bodenständig. Damals bildeten andere Nachtschattengewächse die bevorzugte Nahrung der polyphagen Raupen, die heute »dank« der großflächigen Monokulturen an Kartoffelpflanzen weitaus zahlreicher auftreten. Bei massenweisem Auftreten kam es in Südeuropa und Nordafrika zu größeren Schäden durch Raupenfraß, so 1955/56 in Tunesien auf Orangenplantagen und 1973 in Griechenland auf Olivenbäumen.

A. lachesis: Die Raupen von *A. lachesis* sind in Hongkong als Schädling der Süßkartoffel (*Ipomoea batatas*) bekannt. In Indien kommen Schadwirkungen durch die Raupen auch an Virginischem Tabak (*Nicotiana tabacum*) und Teakbaum (*Tectona grandis*) vor.

A. styx: In Südkorea gelten neben den Raupen auch die Imagines von *A. styx* als Schädlinge an der Xuzu-Zitrone (*Citrus x junos*), da sie mit ihrem kräftigen Saugrüssel neben den Bienenwaben auch Früchte anstechen. Weiterhin ist die Art als sogenannter Schädling an Sesam (*Sesamum indicum*) bekannt.

11 Sammeln und Präsentieren von Schmetterlingen

Im 17. und 18. Jahrhundert war das Sammeln von Insekten ein sehr populäres Hobby von naturbegeisterten Menschen über alle Altersklassen und Ländergrenzen hinweg. Dies hinterließ auch Spuren in Literatur, Film und Musik. Neben den Käfern (Coleoptera) waren vor allem die farbenfrohen Tagfalter eine bevorzugte Beute, die der »typische« Schmetterlingsfänger mit seinem Schmetterlingsnetz einzufangen versuchte. Für manche war es vielleicht ein kurzweiliger Zeitvertreib, wie die Großwildjagd des kleinen Mannes, andere versuchten, besonders schöne Arten als Präparate zu erhalten und sammelten diese bloß als Dekoration oder Wandschmuck.

Aus welchen Beweggründen auch immer das Fangen und Sammeln von Insekten bzw. Schmetterlingen erfolgte – es führte etwa Mitte des 18. Jahrhunderts zur Etablierung der Wissenschaft der Entomologie. Sie trug wesentlich zum Wissen und Verständnis der Insekten bei und führte schließlich auch zu den Erkenntnissen über die Notwendigkeit und die Möglichkeiten des Insektenschutzes.

Das Anlegen einer Insektensammlung war für viele Naturforscher bis in die erste Hälfte des 20. Jahrhunderts eine sehr verbreitete und wichtige Vorstufe zur wissenschaftlichen Entomologie, die schon J. C. Fabricius (1745–1808) beschritten hatte. Eine grundlegende Bedeutung zur Fundierung der Nomenklatur sind sogenannte Typensammlungen, die systematische Einordnung mittels präparierter Belegexemplare. Auch zur Erforschung der Biodiversität, der Auswirkungen des Klimawandels, des Auftretens von Hybriden, Mutationen oder angewandten Fragen, wie zum Beispiel die Identifizierung von Schädlingen, Parasiten, Pathogenen und deren Herkunft, sind Insektensammlungen essenziell.

Eine zunehmende Bedeutung haben Insektensammlungen weiterhin für die Bereitstellung von Referenzobjekten für DNA-Tests (zum Beispiel als Basis für DNA-Barcoding). Auch um bestimmte Schutzgebiete ausweisen und geschützte Arten gegebenenfalls durch Belegexemplare identifizieren zu können, sind Sammlungen solcher Arten unentbehrlich.

Wie populär das Fangen, Präparieren und Sammeln von Schmetterlingen im 18. bis 19. Jahrhundert war, zeigen die zahlreichen Literaturveröffentlichungen zu diesem Thema in jener Zeit. Als Beispiel sei nur ein Titel genannt, der 1845 veröffentlicht wurde: »Teutscher Raupen Kalender: eine genaue Beschreibung und Naturgeschichte der in Teutschland und den angrenzenden Ländern vorkommenden Schmetterlings-Raupen, nach den Monaten ihres Vorkommens geordnet; nebst einer Einleitung über das Aufsuchen der Raupen, die dazu nöthigen Werkzeuge, ihre Erziehung zu Schmetterlingen, die Anlage von Raupen-Sammlungen durch Trocknen und Aufbewahren derselben etc. Für die Jugend bearb. vom E. Herold. Mit 8 Tafeln illuminirter Abbildungen.«

Abb. 11.1: Trockenpräparate des Totenkopfschwärmers. Fotos: S. Schorn, D. Schmidt.

Eine (Insekten- bzw.) Schmetterlingssammlung hat nur dann einen wissenschaftlichen Wert, wenn jedem einzelnen Präparat so wichtige Daten wie Gattungs- und Artnamen, Fundort, -zeit und -datum und weitere Informationen (Besonderheiten) zugeordnet werden können. Besonders eindrucksvoll und lehrreich, daneben auch ökologisch, kulturhistorisch und wissenschaftlich wertvoll, sind die großen Insektensammlungen in Museen.

Tabelle 11.1: Berühmte Insektensammlungen und Lepidopterologen

Insektensammlungen in Museen	Berühmte Lepidopterologen
British Museum of Natural History London (insgesamt mehr als 70 Millionen Objekte, darunter auch Fossilien und Säuger)	EUGEN JOHANN CHRISTOPH ESPER (1742–1810)
	JOHANN CHRISTIAN FABRICIUS (1745–1808)
LWL – Naturkundemuseum Münster (ca. 1 Millionen Insektenpräparate)	JAKOB HÜBNER (1761–1826)
	CHRISTIAN FRIEDRICH FREYER (1794–1885)
Museum für Naturkunde Berlin (ca. 4 Millionen Schmetterlingspräparate)	JEAN BAPTISTE ALPHONSE DECHAUFGOUR DE BOISDUVAL (1799–1879)
Naturhistorisches Museum Wien (ca. 3,5 Millionen Schmetterlingspräparate)	RUDOLF PÜNGELER (1857–1927)
	MARGARET FOUNTAINE (1862–1940)
Naturkundemuseum Stuttgart (ca. 5 Millionen Insektenpräparate)	LIONEL WALTER ROTHSCHILD, 2. BARON ROTHSCHILD (1868–1937)
Senckenberg Deutsches Entomologisches Institut Müncheberg (ca. 3 Millionen Insektenpräparate)	FRIEDHELM NIPPEL (1944–1993)
Senckenberg Museum Frankfurt	
Zoologische Staatssammlung in München (ca. 7 Millionen Schmetterlingspräparate)	

11.1 Phänomen des Sammelns

Das uralte Phänomen des Sammelns ist längst keine Überlebensstrategie mehr wie in prähistorischer Zeit für die Sammler und Jäger und äußert sich heute in der vollen Bandbreite zwischen entspannender Freizeitgestaltung einerseits und der wissenschaftlichen Notwendigkeit andererseits, hat aber in jedem Fall mit Leidenschaft und großem Interesse zu tun. In seiner höchsten Ausformung umfasst die phylogenetische Entwicklung des Sammelns (sowie die jeweilige individuelle Vorgeschichte einer Sammlung) drei charakteristische Stufen (nach LÖDL 2010):

1. Fangen, »Erjagen« und Aufbewahren oder Horten von Objekten – speziell beispielsweise Insekten, etwas spezieller Raubwanzen der Gattung *Platymeris*, sehr speziell zum Beispiel Gynander der Gespenstschrecke *Heteropteryx dilatata*

2. Sichten, Ordnen und Systematisieren der Sammlung

3. Auswerten, Präsentieren und Schlussfolgern und damit das Erschließen der Sammlung.

Martin Lödl ergänzt außerdem: »Zuerst trägt man Dinge nach Hause, dann beginnt man, scheinbar wertlose Einzelteile nach bestimmten Gesichtspunkten zu sortieren, schließlich erreicht man die höchste Stufe: das ordnende Durchdringen der Welt.« Dies würde zu wissenschaftlichen Thesen, historischen Erkenntnissen auf dem Sammelgebiet, Ausstellungen und Publikationen führen, womit das Erschließen der Sammlung erreicht sei. (Lödl 2010)

Das **Fangen** von Schmetterlingen wird heute meist nur noch von wenigen Amateur-Entomologen, Lepidopterologen oder Naturwissenschaftlern praktiziert. Die Fangmethoden sind dabei äußerst vielfältig, je nach Entwicklungsstadium, Jahreszeit und Habitat der jeweiligen nachgestellten Arten werden beköderte, mit Lockstoffen oder Pheromonen behandelte Fangkörbe aufgestellt oder aufgehängt, Lichtfallen (d. h. bei Dunkelheit mit UV-Licht angestrahlte weiße Tücher oder Fangzelte) eingesetzt oder die Falter mit diversen Fangnetzen erbeutet. In dichten Waldgebieten wird ein Teil des Waldbodens mit hellen Tüchern ausgelegt und betäubende Gase nach oben in die Baumwipfel geblasen, sodass die betäubten Insekten einfach herunterfallen und zur Bestandskontrolle und Artenbestimmung aufgelesen werden können. Da die gefangenen Tiere bis auf einzelne Belegexemplare wieder freigelassen werden, hat das wissenschaftlich betriebene Fangen und Sammeln von Schmetterlingen (und anderen Insekten) keinerlei negative Auswirkungen auf die Populationen und dient häufig auch deren Schutz. In der heutigen Zeit hat die Fotodokumentation vielfach die herkömmlichen Fang- und Sammelmethoden ersetzt.

Die Anzahl der Amateur-Entomologen und passionierten Schmetterlingssammler ging seit dem Ersten und Zweiten Weltkrieg stark zurück. Allerdings sind leider auch sowohl die Zahl der Arten als auch die der Individuen bei vielen Schmetterlingen heute deutlich geringer als noch vor etwa 30–40 Jahren. Eine Gefährdung durch das Sammeln von Schmetterlingen ist allgemein auszuschließen, da immer noch viele Exemplare der verschiedenen Entwicklungsstadien der Schmetterlinge unentdeckt an Pflanzen oder im Boden übrigbleiben und den Fortbestand der Art sichern. Die tatsächliche Gefährdung liegt in der Zerstörung der natürlichen Lebensräume und dem übermäßigen Einsatz von Insektiziden, dem erhöhten Stickstoffgehalt im Boden und anderen Umweltgiften der »modernen« Agrarwirtschaft (siehe Kap. 9).

Um den Bedarf an exotischen Schmetterlingen für die Sammler zu decken, werden viele Arten speziell dafür gezüchtet. Das Sammeln von Schmetterlingen hat sich etwa Mitte des 19. Jahrhunderts als Hobby etabliert, gilt aber heute mitunter auch als verpönt, da sich das Klischee, die ehemalige Popularität des Schmetterlingssammelns habe zum Rückgang vieler Arten beigetragen, bis heute hält. Die Bestandsrückgänge waren aber auch in früheren Zeiten nicht der Tätigkeit der Schmetterlingssammler geschuldet, die solche Artgefährdungen sogar meist als erste feststellten, sondern hatten anderen Ursachen.

Besonders seltene Schmetterlingsarten werden auf dem Schwarzmarkt für viel Geld gehandelt, vielfach werden geschützte und seltene Arten über die Vermittlung im Internet in den Verkehr gebracht beziehungsweise geschmuggelt. Eine Gefährdung der Tagfalter durch Sammler ist besonders dort gegeben, wo sie massenhaft und im großen Stil gefangen und zum Beispiel zu Mosaiken oder Schmuckstücken verarbeitet werden, wie es im asiatischen Raum oft üblich ist, wodurch mancherorts ganze Populationen verschwinden oder im ungünstigsten Fall endemische Arten aussterben.

Schmetterlingszoos (siehe Anhang) haben sich auf das Zuschaustellen von Schmetterlingen spezialisiert, dort werden die meisten Arten sowie die Futterpflanzen der Raupen auch gezüchtet oder über Schmetterlingsfarmen bezogen. Sie vermitteln neben der direkten Begegnung mit lebenden attraktiven exotischen Exemplaren auch Informationen über deren Lebensweise und den Erhalt der Insektenfauna.

Die meisten Schmetterlingshäuser sind von April bis Oktober täglich geöffnet, das auf der Blumeninsel Mainau kann ganzjährig (10:00–20:00 Uhr) besucht werden.

Abb. 11.2: Emotionales Erlebnis und Informationsvermittlung im Schmetterlingshaus. Aufnahmen aus dem Schmetterlingshaus Jonsdorf (Sachsen). Fotos: C. Fuhrmann.

11.2 Anlegen einer Schmetterlingssammlung

In welcher Form eine Schmetterlingssammlung angelegt wird, richtet sich ganz nach der jeweiligen Bestimmung bzw. nach dem Verwendungszweck, den diese Sammlung erfüllen soll. Eine Sammlung, die ästhetischen Ansprüchen genügen und beispielsweise als Wandbild oder Wohnraumdekoration dienen soll, unterscheidet sich grundlegend von Dioramen oder Sammlungen, die zu Dokumentationszwecken wie der Darstellung verschiedener Entwicklungsstadien oder Fraßbilder einer Art etabliert werden. Daneben spielt auch eine große Rolle, in welcher Form bzw. Art und Weise die jeweils gesammelte Schmetterlingsart und ihr Entwicklungsstadium in eine Sammlung eingefügt werden kann.

Grundsätzlich lassen sich drei verschiedene **Sammlungsarten** unterscheiden:

1. Die **Mikropräparate** sind in der Regel zwischen dem Objektträger und Deckglas (z. B. mit Glyzerin als Bindemittel) eingebettet, sodass sich diese gut unter einem Mikroskop betrachten und studieren lassen. Nicht nur für Bakterien, Viren oder Pilze, sondern auch für unzählige weitere Kleinstlebewesen (wie Milben und viele Dipteren) sind solche platzsparenden Sammlungen ideal. Daneben lassen sich mit dieser Methode auch anatomische Feinheiten und Einzelteile wie beispielsweise Antennen, Geschlechtsorgane oder Flügel von größeren Schmetterlingen in entsprechend deutlicher Vergrößerung wesentlich besser erkennen und zum Beispiel zur Artbestimmung verwenden.

2. Die sog. **Flüssigpräparate** werden in einer konservierenden Flüssigkeit (zum Beispiel Formaldehyd, Brennspiritus o. Ä.) aufbewahrt, die Gläser beanspruchen bei einer umfangreichen Sammlung einigen Platz und können aufgrund der austretenden Gase (Explosionsgefahr!) nur in gut belüfteten Räumen gelagert werden. Dennoch bietet diese Sammlungsmethode viele Vorteile: Präparate sind so unter anderem optimal vor Schädlingsbefall, Staub und mechanischen Beschädigungen geschützt und bei guter Pflege und Kontrolle nahezu unbegrenzt haltbar. Diese Methode ist bei manchen Arten (u. a. Weichtiere, Quallen, Nacktschnecken, Ringelwürmer oder Larvenstadien diverser Insekten) die einzige Möglichkeit, diese optimal präparieren zu können. Wenn zu einem späteren Zeitpunkt beispielsweise Untersuchungen an den inneren Organen vorgenommen werden sollen oder das Präparat später ggf. weiterverarbeitet werden soll, beispielsweise zu einem Trockenpräparat oder in Kunstharz eingegossen, ist dies mit in Konservierungsflüssigkeit eingelegten Präparaten möglich. Für die Imagines der Schmetterlinge ist diese Methode allerdings absolut ungeeignet, jedoch werden Eier und Raupen als Flüssigpräparat optimal konserviert (weiterhin z. B. auch Wirbeltiere wie Amphibien, Reptilien, Fische).

Abb. 11.3: Beeindruckende Sammlung an Flüssigpräparaten im Berliner Naturkundemuseum. Foto: J. Morisse.

3. **Trockenpräparate** stellen die typische Form einer Schmetterlingssammlung dar. Während die Dekorations- oder Schaupräparate als Wandschmuck ganz nach Belieben und oftmals in geometrischen Formen positioniert werden, sind die wissenschaftlichen Typensammlungen nach einem streng festgelegten Muster geordnet. Sammlungen mit Trockenpräparaten sind ständig der Gefahr ausgesetzt, von Museumskäferlarven, Speckkäfern (Dermestiden) und anderen Präparatschädlingen befallen und vernichtet zu werden, außerdem brechen die Extremitäten (Beine, Antennen, Flügel) der Trockenpräparate bei zu grobem Umgang schnell ab. Sehr kleine Schmetterlinge, die nicht direkt genadelt werden können, werden vorn auf einem Pappstreifen aufgeklebt und dieser hinten mit einer Präparationsnadel oder Minutiendraht durchstochen und so in die Sammlung eingefügt.

Abb. 11.4: Trockenpräparate sind sehr empfindlich, leicht brechen Antennen, Beine oder die Puppenhülle. Foto: S. SCHORN.

11.3 Determination

Unter jedes Präparat wird ein Papierstreifen, auf dem die wichtigsten Daten notiert sind, mit aufgenadelt. Da sich die Artbezeichnungen (seltener auch die Gattung und Familie) in der systematischen Nomenklatur bei den Schmetterlingen (und anderen Insekten) häufig ändern, sind bei manchen Arten mit der Zeit gleich mehrere Zettelchen unter dem Präparat zu finden.

Die folgenden Abkürzungen sind gebräuchlich, um bei der Determination Platz auf den Zettelchen einsparen zu können:

Ex larva = Schmetterling wurde aus der Raupe gezüchtet

Ex ovo = Schmetterling wurde aus dem Ei gezüchtet

Ex pupa = Schmetterling wurde aus der Puppe gezüchtet

F1, F2, F3 etc. = Filialgeneration, Bezeichnung für die Nachkommen der ersten, zweiten, dritten etc. Generation von einem Elternpaar (P) abstammend

Abb. 11.5: Trockenpräparate von *Acherontia atropos* (a, b) und verschiedener Schmetterlingsarten in Schaukästen (im Naturkundemuseum und bei Fiebig-Lehrmittel, beide Berlin). Fotos: a: M. Paramonov, b, d: S. Schorn, c: J. Morisse.

(gen. aest.) = Generatio aestivalis = Sommergeneration

(gen. vern.) = Generatio vernalis = Frühjahrsgeneration

indet. = unbestimmt, unbestimmbar

1,0 = männliches Tier

0,1 = weibliches Tier

0,0,1 = ein Tier mit unbestimmtem Geschlecht (0,0,2 = zwei Tiere mit unbestimmtem Geschlecht, bei zehn unbestimmten Tieren wären es 0,0,10 etc.)

Neben der Artbezeichnung lassen sich bei Trockenpräparaten aus Platzgründen nur wenige weitere Daten eintragen. Ähnlich verhält es sich bei den Mikro- und Flüssigpräparaten: Dort wird ein Aufkleber mit den wichtigsten Daten (wissenschaftliche Artbezeichnung, Geschlecht, Fundort, Datum des Fundes) an den Objektträger bzw. an das Konservierungsglas angebracht. Um wichtige weitere Informationen und spezielle Besonderheiten aufnehmen und zusammentragen zu können – wie genaue Beschreibung des Fundortes, geografische Lage und gegebenenfalls GPS-Daten, an welcher Pflanzenart gefunden, solitär oder in Kopulation, Temperatur und Wetterlage zur Fundzeit –, werden diese in einem separaten Ordner erfasst und so nummeriert (und zur weiteren Einordnung ggf. entsprechend farbig oder mit anderen Zeichen oder Buchstaben markiert), dass sie dem ebenso nummerierten bzw. markierten Präparat zugeordnet werden können.

Trockenpräparate von Schmetterlingen und anderen Insekten sollten möglichst luftdicht verschlossen, trocken und in mit Kampfer oder ähnlichen Mitteln gegen Präparatschädlinge imprägnierten Sammlungskisten aus Holz untergebracht sein. Die Unterbringung von umfangreichen Sammlungen, die in Museen weit über eine Millionen Trockenpräparate (nur an Faltern) umfassen kann, erfolgt in speziellen Insektenkisten, die in Schubladensystemen übereinandergestapelt sind. Für die Besucher sind meist nur geringe Teile der Sammlung, die oft die populärsten, größten und farbenprächtigsten Falter umfassen, öffentlich ausgestellt.

12 Haltung und Zucht von Totenkopfschwärmern

Die erfolgreiche Haltung und Vermehrung der Totenkopfschwärmer können auf unterschiedliche Art und Weise erfolgen, immer sollten aber die Bedürfnisse der Tiere an erster Stelle stehen. Es ist wichtig, die Art, Beschaffenheit und Größe der Gehege und Aufzuchtbehältnisse nach der jeweiligen Anzahl und dem entsprechenden Entwicklungsstadium der Tiere auszuwählen bzw. anzupassen. So benötigen z. B. die Eier andere Bedingungen und Behältnisse als die Raupen, Puppen oder Falter. Obschon sich die Lebensweise, Haltungsbedingungen und Nahrungspflanzen bei der Familie der Schwärmer je nach Gattung und Art grundlegend unterscheiden können, sind bei der Pflege der *Acherontia*-Arten keine grundlegenden Unterschiede zwischen *A. atropos, A. lachesis* und *A. styx* festzustellen.

Eine tatsächliche Freizimmerhaltung, wie sie z. B. im Buch bzw. Film »Das Schweigen der Lämmer« von Buffalo Bill mit *Acherontia styx* praktiziert wird, ist aus mehreren Gründen wenig vorteilhaft. Zum einen produzieren Raupen Unmengen an Kot, der sich überall verteilen würde. Zum anderen bestünde die Gefahr, dass die Falter zunächst unbemerkt hinter Heizkörpern, Regalen oder Schränken verschwinden und ggf. dort verenden sowie dass die Weibchen überall unkontrolliert ihre Eier absetzen. Daneben würden noch viele weitere Nachteile auftreten: Besonders die frisch geschlüpften Falter geben größere Kotmengen ab – ein unangenehmes Schmutz- und Geruchspotenzial. Außerdem ist die abendliche Geräuscherzeugung der Falter nicht zu unterschätzen und kann durchaus als Krach bezeichnet werden. Von einer unkontrollierbaren Freizimmerhaltung bei der Pflege von Totenkopfschwärmern kann daher nur abgeraten werden.

12.1 Lepidoptera in der Vivaristik und Terraristik

Die Haltung von wirbellosen Tieren im Terrarium befindet sich schon seit Jahrzehnten in einem rasanten Wachstum und ist derzeit so populär wie noch nie. Ein Ende dieser gerade erst beginnenden Blütezeit ist – trotz weitreichender gesetzlicher Vorlagen und Reglementierungen – nicht abzusehen.

Waren anfangs vornehmlich Spinnentiere (wie Vogelspinnen oder Skorpione), Tausendfüßer, Schnecken und Krustentiere in den Terrarien anzutreffen, sind inzwischen Vertreter vieler weiterer Klassen und Ordnungen dazugekommen. Unter den Arthropoden sind es besonders die Vertreter der Insekten, wobei neben Gottesanbeterinnen (Mantodea), Gespenstschrecken (Phasmatodea), Schaben (Blattodea), Käfern (Coleoptera), Wanzen (Heteroptera) oder Ameisen (Formicidae) stetig »neue« Ordnungen und Arten rein um ihrer selbst willen gepflegt und nachgezüchtet werden.

Die Haltung von Wirbellosen ist längst keine Randerscheinung mehr, wobei ausgerechnet Arten der allgemein wohl bekanntesten und beliebtesten Ordnung – der Schmetterlinge (Lepidoptera) – bislang nur von wenigen Haltern gepflegt und vermehrt werden, wenn man von solch typischen Futtertieren wie der Großen- und Kleinen Wachsmotte (*Galleria mellonella* und *Achroia grisella*), Seidenspinnern (*Bombyx mori*) und deren Larvenformen einmal absieht. Dies ist umso verwunderlicher, da die sehr formen- und artenreichen Schmetterlinge an Farbenpracht und objektiver Schönheit kaum von einer anderen Tiergruppe übertrumpft werden können.

Bis heute gelten Schmetterlinge in ihrer Faltererscheinung – das typische Klischee erfüllend – als begehrte Beute des Insektensammlers, als Symbol für Leichtigkeit, Zartheit, Unschuld oder Auferstehung, sowie mit der Redewendung der »Schmetterlinge im Bauch« als Sinnbild für Verliebtheit. Im Gegensatz dazu sind ihre Larvenformen, die Raupen, mit dem Stigma »unersättlich« und »verfressen« versehen, dabei gibt es auch unter ihnen eine breite Vielfalt an faszinierenden Ausprägungen. Vielleicht mag es manchen Schmetterlingsliebhaber aufgrund der ungemeinen Gefräßigkeit der Raupen und der evtl. auftretenden Probleme bezüglich der Nahrungsbeschaffung abhalten, sich intensiv und längerfristig mit den meist nur kurzlebigen Faltern zu befassen. Indes – die Lebens- und Verhaltensweisen sowie die phänotypische Bandbreite dieser leichtgewichtigen Gesellen sind äußerst interessant und mindestens genauso facettenreich wie die Augen der Imagines.

Unter den vielen Familien der Schmetterlinge sind besonders einige Vertreter der Schwärmer (Sphingidae) für die Haltung und Nachzucht geeignet. Bei diesen volkstümlichen Nachtfaltern handelt es sich bei den Raupen ebenso wie bei den Faltern um meist beeindruckend große Tiere mit auffallendem und ungewöhnlichem Aussehen. Zu den etwas häufiger gepflegten Nachtfalterarten gehören der Atlasspinner (*Attacus atlas*) und der Indische Mondfalter (*Actias selene*).

Abb. 12.1: Atlasspinner (*Attacus atlas*): als L5-Raupe (a) und als Imago kurz nach dem Schlupf (b). Fotos: a: S. Schorn, b: C. Fuhrmann.

12.2 Erwerb von Totenkopfschwärmern und richtiger Umgang

Die Suche nach lebenden Totenkopfschwärmern und ihr Erwerb kann mitunter einige Wochen Zeit beanspruchen. Um gesunde Tiere zu erhalten und da diese Art in der Natur nur sporadisch und selten anzutreffen ist, empfiehlt es sich, sich für Exemplare aus Nachzuchten zu entscheiden.

Gebräuchliche Abkürzungen

FZ = Farmzuchten

HD = Heimchendose

KuFu = Kunstfutter

NZ = Nachzuchten

rF = relative Luftfeuchtigkeit

WF = Wildfänge

12.2.1 Wildfang oder Nachzucht?

Bei Wildfängen ist die Wahrscheinlichkeit sehr hoch, dass diese mit Parasiten oder Parasitoiden befallen oder bereits durch Insektizide, Pestizide oder andere Gifte geschwächt sind. Die oftmals dehydrierten Tiere verweigern nicht selten die angebotene Nahrung, wogegen Tiere aus Nachzuchten oder Farmzuchten im Durchschnitt vitaler und langlebiger sind und das Futter meist bereitwillig annehmen.

Am besten beginnt man die Haltung und Vermehrung der Totenkopfschwärmer mit den Eiern. Diese sind meist sehr einfach über fachspezifische Internetportale und auch immer häufiger auf Exoten-, Terraristik- oder Insektenbörsen erhältlich.

12.2.2 Umgang mit den Eiern, Raupen, Puppen und Faltern

Der Umgang mit den Eiern und kleinen Raupen sollte stets sehr behutsam und nur dann erfolgen, wenn dieser notwendig ist, beispielsweise zum Umsetzen in ein anderes Behältnis zwecks Reinigungsarbeiten.

Die **Eier** werden, sofern möglich, mitsamt der Futterpflanze, an der sie haften, in ein separates Behältnis überführt. Wenn die Eier jedoch an der Gaze des Flexariums oder an anderen, größeren Gegenständen abgelegt worden sind, sollten diese, wenn dort die Temperatur, relative Luftfeuchtigkeit (rF) oder andere Bedingungen nicht ideal zur Eientwicklung sind, vorsichtig entfernt und in ein geeignetes Inkubationsbehältnis (z. B. eine Heimchendose) gegeben werden. Beim behutsamen Abstreifen der Eier gilt es, die enorme Elastizität und das »Springvermögen« zu beachten. So federn die Eier beim Ablösen vom Untergrund (besonders bei flexibler Gaze) nicht selten bis zu einem Meter weit ab und könnten in der Wohnung möglicherweise unbemerkt auf dem Teppichboden, unter Tischen o. Ä. verlorengehen. Das Ergreifen der Eier mit einer Federstahlpinzette ist von Vorteil.

Raupen: Insbesondere die zarten L1- und L2-Raupen zerreißen eher, als dass sie beim Ergreifen freiwillig das Blatt ihrer Futterpflanze loslassen würden. Auch das mechanische Ablösen der Beine oder Nachschieber vom Untergrund ist für ungeübte Personen nicht einfach und sollte unterlassen werden. Ähnlich wie bei den Eiern wird die Raupe am besten mitsamt dem Futterzweig oder Blatt, auf dem sie sitzt, entnommen. Während der Häutung und einige Stunden danach sollte man auf jeglichen Umgang mit den dann sehr empfindlichen Raupen verzichten. Wenn es nötig ist, eine bestimmte Raupe zu entnehmen, kann ein Blatt (oder bei größeren Raupen ein Zweigstück) der Futterpflanze vor die

Raupe gehalten und sie ggf. durch behutsames Anstupsen von hinten darauf dirigiert und somit entnommen werden. Wer keine feinfühligen Hände besitzt oder noch ungeübt ist, kann einen Esslöffel (bzw. in größeren Behältnissen ggf. eine kleine Schale) unter die Raupe halten und diese so behutsam mit einem feinen Pinsel abstreifen, dass sie aufgefangen wird.

Abb. 12.2: Die auf Futterzweigen ansitzenden Raupen können am einfachsten mitsamt dem Zweigstück in ein anderes Behältnis überführt werden. Manchmal sind sie aber auch zutraulich. Fotos: S. Schorn.

Praxistipp

Am einfachsten erfolgt die Umsiedlung der Raupen (oder Eier) mitsamt der Futterzweige, auf deren Blättern sie sich befinden. Hierzu sollte möglichst ein weiteres mit frischen Futterpflanzen ausgestattetes Behältnis bereitstehen, in das zunächst die »alten«, abgefressenen Zweigstücke (mitsamt den Raupen bzw. Eiern) überführt werden. Am nächsten Tag lassen sich die alten Zweige dann einfach entnehmen, die (meisten) Raupen werden dann selbstständig auf die frische Futterpflanze umgesiedelt sein.

Die **Puppe** sollte schon vollständig ausgehärtet und dunkelbraun gefärbt sein, bevor diese, wenn nötig, entnommen und umgebettet wird. Etwa 8–10 Tage nach der eigentlichen Verpuppung scheint der optimale Zeitpunkt zu sein, um die Puppe im Bedarfsfall auszugraben und in ein Metamorphorium (Abb. 12.8) o. Ä. zu überführen.

Auch bei den **Faltern** sollte der direkte Umgang mit ihnen nur dann erfolgen, wenn dies unbedingt nötig ist. Während die Handfütterung (nur wenn überhaupt erforderlich) vorzugsweise in den Abendstunden ausgeübt wird, ist das Entnehmen und Umsetzen der Falter tagsüber, während ihrer inaktiven Zeit, vorteilhafter. Dann sitzen die Falter meist zurückgezogen in möglichst schmalen, dunklen Verstecken, beispielsweise zwischen Rindenstücken oder Papprollen (von Küchen- oder Toilettenpapier), und können so am einfachsten mitsamt diesen in ein anderes, zuvor fertig eingerichtetes Flexarium oder Behältnis umgesetzt werden. Mit einem Aquarienkescher (oder besser Schmetterlingsfangnetz) können evtl. entkommene Falter im Flug gefangen werden, darin ungeübte Personen warten jedoch besser damit, bis der Falter gelandet ist. Geschlossene Fenster bzw. ein Insektenschutz-Gazenetz davor erhöhen den Erfolg. Eine angeschaltete Lampe erleichtert das Einfangen bei Dunkelheit erheblich. Um die empfindlichen Flügel nicht zu verletzen, werden diese nach Möglichkeit nicht angefasst, Samthandschuhe sind beim Umgang mit diesen Geschöpfen nicht nur sprichwörtlich hilfreich und angebracht. Der Pfleger, die Pflegerin wird den Unmut und Groll der Totenkopfschwärmer auch akustisch wahrnehmen, da jegliches Missfallen lautstark geäußert wird – und so drollig diese herzerweichenden Töne auch klingen, das »Meckern der Motten« sollte nicht unnötigerweise provoziert werden.

Abb. 12.3: Die empfindlichen Flügel sollten beim Umgang mit den Faltern möglichst nicht angefasst werden. Fotos: J. Morisse, S. Schorn.

12.3 Haltung der Eier, Raupen und Puppen

12.3.1 Standortbedingungen und Ausstattung

Der optimale **Standort** der Inkubations- oder Aufzuchtbehältnisse befindet sich etwa auf Augenhöhe in einem Regal, Rack oder Ähnlichem und sollte keiner unmittelbaren Sonneneinstrahlung ausgesetzt sein. Um eine mögliche Überhitzung auszuschließen, sind Fensterbänke oder die Ablage auf Heizkörpern zur Unterbringung ungeeignet. Der Untergrund sollte stabil und erschütterungsfrei sein, weshalb beispielsweise Lautsprecherboxen oder Tische als Standort auszuschließen sind. Bei einem idealen Standort (z. B. in einem beheizten Terrarienzimmer) kann mitunter auch ganzjährig auf eine technische Ausstattung verzichtet werden.

In der kalten Jahreszeit ist eine künstliche **Beheizung** nur in ungeheizten Räumen während der Nacht erforderlich. Für die Beheizung sind Heizkabel (je nach Behältnisgröße 15–35 W), Heizmatten oder Heatpanels, die im Optimalfall über einen zwischengeschalteten Thermostat betrieben werden, gut geeignet, da diese kein Licht abgeben. Meist genügt es jedoch, die erforderliche Temperatur über die **Beleuchtung** zu erreichen. Im Sommer ist eine künstliche Beleuchtung unnötig und sollte nur über LED-Lichtleisten oder T5-Leuchtstoffröhren erfolgen, da diese Leuchtmittel nur wenig Wärme abgeben. Halogenstrahler (je nach Raumtemperatur und Behältnisgröße etwa 5–50 W) geben Licht (und Wärme) ähnlich wie bei einer Taschenlampe eher punktgenau und weiter nach unten ab als sogenannte Basking-Spot-Glühlampen, die Licht (Wärme) eher gleichmäßig nach allen Seiten abgeben und hauptsächlich für die Beleuchtung von größeren Aufzuchtbehältnissen in kühleren und wenig hellen Räumen nötig sind. Aufgrund der großen Lichtabgabe bei vergleichsweise geringem Energieverbrauch (15 bzw. 25 W) empfiehlt sich die »Natural Light« von Lucky Reptile. Die Beleuchtungsdauer von täglich 12–14 Stunden kann über eine Zeitschaltuhr gesteuert werden, um sich das manuelle Ein- und Ausschalten der Beleuchtung zu ersparen. Die Ansprüche an Temperatur und relative Luftfeuchtigkeit (rF) liegen bei den Eiern und den ersten drei Larvenstadien (L1–L3) etwas höher als bei den größeren Raupen und Faltern. Tagestemperaturen von 23–26 °C und eine rF von 60–75 % sind ideal. Durch gelegentliches Sprühen mit einem Wasserzerstäuber kann die optimale rF erreicht und gehalten werden.

Die **Einrichtung** des Aufzuchtbehältnisses für die Raupen (Kunststoffbox, Terrarium o. Ä.) sollte aufgrund der Übersichtlichkeit und zur einfachen Reinigung möglichst schlicht sein. Als Bodensubstrat genügt eine Lage Küchenpapier, darauf wird die mit frischem Leitungswasser befüllte »Vase« mit den Futterpflanzen gestellt. Neben dem Thermometer, Hygrometer und ggf. Fernfühler des

Thermostats sind weitere Ausstattungsgegenstände in den Eier- bzw. Raupenbehältnissen (bis L5) unnötig, da sich die Raupen in der Regel ausnahmslos auf den Futterpflanzen aufhalten, die den Tieren zugleich Nahrung, Kletter- und Versteckmöglichkeiten, aber auch Rückzugs-, Schlaf- und Häutungsplätze bieten.

Direkt nach dem Schlupf weisen die Raupen eine hellgelbliche Färbung auf, sobald sie aber angefangen haben zu fressen, werden sie schön grün. Die grüne Körperfärbung bleibt für die nächsten 2–3 Häutungen erhalten und für diese Zeit ist es einfacher, die Raupen weiterhin auf Küchenpapier mit etwas frischem Futter zu halten.

Praxistipp

Um die Futterpflanzen im Raupenbehältnis länger frisch zu halten, empfiehlt es sich, die kleinen Zweigstücke in eine Art »Vase« zu stecken. Damit das Wasser darin nicht ausläuft, wenn die Vase beispielsweise aus Platzgründen waagerecht hingelegt werden muss, sollte diese einen wasserdichten Verschluss aufweisen, in dem sich jedoch passgenaue Löcher für die Aufnahme der Zweigstücke anbringen lassen. Für diesen Zweck eignen sich sogenannte Orchideenröhrchen, Fotofilmdosen, Puddingbecher oder andere kleinere Kunststoffbehältnisse mit Deckel.

Damit man sich nicht mehrmals wöchentlich auf die Suche nach Futterpflanzen begeben muss, um den unbändigen Hunger der Raupen zu stillen, ist es sehr praktisch, die Futterpflanzen im eigenen Garten zu kultivieren. Wer diese Möglichkeit nicht hat, sollte einen wöchentlichen Vorrat der Futterpflanze lagern, so lassen sich beispielsweise die Zweige von Liguster in einer großen Vase, einem Eimer o. Ä. mit frischem, d. h. täglich auszutauschendem Wasser für einige Tage frischhalten.

Abb. 12.4: Ein fester Stand ist wichtig für die »Vasen« der Ligusterzweige. Foto: S. Schorn.

> **!** Eine flache Tonschale (flache Blumenuntertöpfe, Trinknäpfe, Deckel etc.) unter der Vase kann helfen, ggf. überschüssiges Wasser aufzunehmen bzw. einfacher zu entfernen. Das Küchenpapier sollte allenfalls feucht, aber niemals nass sein, um Schimmelbefall und Pilzinfektionen zu vermeiden. Ein gewölbtes Rindenstück (z. B. von Korkeiche), das vor die Vase gestellt wird, dient zum Emporklettern der Raupen, zum optischen Kaschieren der Vase und zur Erhöhung ihrer Standfestigkeit. Korkröhrenstücke, deren Innendurchmesser die Aufnahme der Vase darin zulassen, bieten eine optisch attraktive Möglichkeit, ein Umkippen der Vase möglichst zu verhindern.

12.3.2 Aufbewahrung und Inkubation der Eier

Als **Inkubationsbehältnis** für die Eier (jeweils etwa 5–10 Stück) bzw. als **Aufzuchtbehältnis** für die ersten beiden Larvenstadien sind sogenannte »Heimchendosen« (HD), auch Braplast-Kunststoffboxen oder sonstige klarsichtige Kunststoffbehältnisse mit seitlich angebrachten Belüftungslöchern ideal, da sich diese platzsparend stapeln, einfach reinigen oder austauschen lassen und auch die kleinen Raupen (mit 6 mm Körperlänge) nicht durch die seitlichen Belüftungslöcher entweichen können. Aus hygienischen und praktischen Gründen reicht als Bodensubstrat eine Lage Küchenpapier aus, die mit einem Wasserzerstäuber einmal kurz angefeuchtet wird.

In sehr großen Flugkäfigen, Flexarien, Terrarien oder bei der Freizimmerhaltung sollten die Eier in der Regel am besten an der Futterpflanze bzw. am Ablageort verbleiben, wo sich die Raupen nach dem Schlupf absammeln lassen.

Wenn sich die Eier gelblich verfärben und etwas eindellen, steht der Schlupf der Raupen kurz bevor. Es ist von Vorteil, die Eier vor dem Schlupf auf mehrere Dosen zu verteilen, da die frischgeschlüpften Raupen noch sehr zierlich und sensibel sind und sich so besser versorgen lassen.

Abb. 12.5: Geeignete Inkubations- bzw. Aufzuchtbehältnisse für die ersten beiden Larvenstadien sind sog. »Heimchendosen«. In größeren Aufzuchtbehältnissen sollten die Eier am besten an der Futterpflanze bzw. am Ablageort verbleiben. Fotos: S. Schorn.

! **Praxistipp**

Die Inkubation der Eier und die Aufzucht der Raupen sind schon bei Zimmertemperatur möglich. Eine Unterbringung in einem Inkubator - oder in einem Terrarium, das mit einem an der Rückwand angebrachten Heizkabel (oder Heatpanel, Heizmatte) ausgestattet ist, wobei die Temperatur über ein Thermostat (z. B. Lucky Reptile Thermo Control Pro 2) geregelt wird - erlaubt eine gezieltere Inkubation (und Aufzucht) unter kontrollierten Bedingungen.

12.3.3 Aufzucht und Entwicklung der Raupen

Die kleinen Raupen beginnen sich mit zunehmendem Alter umzufärben und bekommen ihren typischen gelben Körper mit den seitlichen Streifen. Einige Individuen überspringen dieses Kapitel aber, werden braungrau und unterscheiden sich in der Färbung und Zeichnung von den anderen. Auch ist es nicht ungewöhnlich, dass manche Exemplare besonders schnell wachsen und deutlich kräftiger sind als die Geschwister im gleichen Alter. Ebenso bleiben manche Raupen deutlich im Wachstum und der weiteren Entwicklung zurück, obwohl sie sich im selben Behältnis (mit gleichen Haltungsparametern und

Futter) wie ihre gleichaltrigen Artgenossen befinden. Ähnlich wie bei anderen Insekten entwickeln sich die besonders kräftigen und großen Larven der Totenkopfschwärmer zu (meist weiblichen) etwas größeren Faltern, wogegen aus den Spätentwicklern, das heißt den im Wachstum zurückgebliebenen Raupen, zum Teil deutlich kleinere (häufig männliche) Falter werden.

Tabelle 12.1: Notwendiges und praktisches Zubehör für die Raupenpflege

Notwendiges und praktisches Zubehör für die Raupenpflege	Technisches Zubehör	Zubehör für die Reinigung und Herstellung des Kunstfutters (KuFu)
Mehrere Orchideenröhrchen oder kleine standfeste Vasen (für die Futterpflanzen im Raupenkasten)	ggf. Heizkabel, Heatpanels, Heizmatte	Desinfektionsmittel, Einweghandschuhe
Flache Schale (unter der Vase, zur Aufnahme von ggf. überschüssigem Wasser)	Thermostat	Esslöffel
Große Vase oder Eimer (für die Bevorratung und Frischhaltung von Futterzweigen)	Zeitschaltuhr	Essigessenz (zum Desinfizieren und Reinigen von Glasflächen)
Schwammstücke oder Sphagnummoos (um die Vasenöffnung »raupensicher« zu verschließen und ein Ertrinken der Raupen darin ausschließen zu können)	Mehrfachsteckdosenleisten	Essigäther (um ggf. arg missgebildete Falter oder kranke Raupen betäuben und euthanasieren zu können)
Kräftige Gartenschere (zum Abschneiden von Zweigstücken der Futterpflanzen)	digitales Thermometer und Hygrometer	Ceranfeldschaber oder Rasierklingen (zum Entfernen von hartnäckigen Kalkablagerungen am Glas)
Kräftige Haushaltsschere (zum Abschneiden von vertrockneten Blättern)	Blaulichtlampe, Halogenstrahler (im Winter)	Eichenextrakt (zum Entfernen von Kalkablagerungen am Glas)
Pinzette ca. 30 cm lang (zum Entnehmen von Futterresten o. Ä.)	LED-Leuchtröhre (im Sommer)	Draht (z. B. um Zweige der Futterpflanze anbinden zu können)
Küchenpapier (als Bodensubstrat für die ersten Larvenstadien)		Lupe oder Mikroskop (zum näheren Betrachten der Tiere, Kontrolle auf Milben etc.)
Federstahlpinzette oder großer, breiter Pinsel und ein feiner Marderhaarpinsel (hilfreich z. B. beim Umsetzen der Eier und ersten Larvenstadien (L1–L3)		Feinwaage, Kochtopf und Küchenmaschinen wie Häcksler und Mixer (z. B. zum Abwiegen, Zerkleinern und Mischen getrockneter Ligusterblätter für die Herstellung von KuFu)

Notwendiges und praktisches Zubehör für die Raupenpflege	Technisches Zubehör	Zubehör für die Reinigung und Herstellung des Kunstfutters (KuFu)
Gießkanne mit schmalem Hals (zum Auffüllen der Vase mit Leitungswasser)		Eiswürfelformen, Soßen- oder Puddingbecher etc. (zum Einbringen, Einfrieren und Anbieten von KuFu)
Pump- oder Drucksprühflasche (zum Befeuchten des Bodensubstrates)		
Fliegengaze oder Damen-Feinstrumpfhosen, Leinentücher etc. sowie Gummiband (z. B. um damit Klarsichtboxen etc. zu verschließen und Belüftungsflächen schaffen zu können.		

Aufzuchtbehältnisse für Larven

Als Aufzuchtbehältnis für die Larvenstadien kommen grundsätzlich mehrere Arten und unterschiedliche Materialien infrage: Faunarien aus Kunststoff, Terrarien aus Glas, Holz oder Styrodur, Flexarien aus Gaze, sogenannte Insektarien oder selbstgebaute Raupenkästen. Alle haben spezifische Vor- und Nachteile. Gazekäfige oder Flexarien sind ideal, da solche Aufzuchtbehältnisse eine gute Belüftung gewährleisten, wogegen sich Behältnisse aus Glas oder Kunststoff einfacher reinigen lassen. Die Art, Beschaffenheit und Ausmaße der Aufzuchtbehältnisse richten sich dabei nach der Anzahl und Größe bzw. dem jeweiligen Entwicklungsstadium der Raupen. Neben den im Folgenden aufgeführten Möglichkeiten und Methoden zur Haltung und Ernährung der Totenkopfschwärmer gibt es viele weitere, die ebenso geeignet sind. Die Ansprüche und Bedürfnisse der Tiere sollten stets an erster Stelle stehen, danach erst folgen Überlegungen zum praktischen Nutzen, der einfacheren Unterbringung, der Reinigung etc.

Damit die Raupen ausreichend Platz und Nahrung haben, wird die Art und Größe des Aufzuchtbehältnisses entsprechend der Anzahl und Größe der Raupen gewählt (Länge × Breite × Höhe):

- für die Inkubation von je ca. 5–10 Eiern:
  Heimchendose Maße: 9,5 × 9,5 × 6,0 cm
- für die Aufzucht von je 5–10 Raupen in den Stadien L1–L2:
  Klarsichtbox, HD etc. in den Maßen von mind. 9,5 × 9,5 × 6,0 cm, Insektarium (15 ×15 × 30 cm)

- für die Aufzucht von je 5–10 Raupen in den Stadien L3–L4: Braplast- oder wiederverwertbare klarsichtige Haushaltsdosen, kleine Terrarien etc.
- Mindestmaße für fünf L3-Raupen: 15 × 15 × 19 cm
- Für die Aufzucht von max. fünf Raupen im Stadium L5 bis zur Verpuppung sollten die Maße des Behältnisses 25 × 25 × 30 cm nicht unterschreiten, damit auch eine mind. 20 cm hohe Schicht lockeres Bodensubstrat eingebracht werden kann, in dem sich die Raupen verpuppen. Neben den sogenannten Faunaboxen bieten sich auch andere geräumige Kunststoffboxen mit luftdurchlässigem Deckel oder Terrarien für die Haltung der L5-Raupen bis zu deren Verpuppung an. Alternativ können die Puppen nach etwa 7 Tagen ggf. aus dem Behältnis entnommen und zur besseren Kontrolle und Platzersparnis in ein separates Behältnis (z. B. HD für bis zu 4 Puppen, Braplast-Dose bis max. 10 Puppen) überführt werden. Eine gute Belüftung der Behältnisse ist sehr wichtig, da Stickluft und eine hohe rF schnell zu Erkrankungen und Infektionen führen, die meist tödlich enden.

Abb. 12.6: Verschiedene Behältnisse zur Raupenpflege (a). Ein Falltür-Terrarium mit Styroporeinlage und darin eingelassenen Bechern für die Futterzweige der Raupen (b). Ein sog. Insektarium aus klarsichtigem Kunststoff ist für die Aufzucht der ersten Raupenstadien aufgrund der unzureichenden Belüftung (nur im Deckel) eher ungeeignet; mit einem erhitzten Nagel lassen sich im unteren Bereich jedoch zusätzliche Belüftungslöcher hineinstechen und somit Stickluft vermeiden (c). Fotos: S. Schorn.

Bodensubstrat für die L5-Raupen und Puppen

Das Bodensubstrat (Erde von Maulwurfshügeln, ungedüngte Blumen- bzw. Graberde) wird dafür etwa 10 cm hoch aufgefüllt und leicht festgeklopft. Anschließend mit dem Finger oder einem Esslöffel eine etwa 2–3 cm tiefe Mulde in das Bodensubstrat drücken, um die Puppe in dieser künstlichen Puppenwiege abzulegen. In einem etwa zwei Finger breiten Abstand werden so auch die anderen Puppen nebeneinander untergebracht und danach mit einer lockeren Schicht aus Kokosfaserhumus, sogenanntem »Coco-Brick« oder »Terrarienhumus« aus dem Terraristik-Fachhandel, oder einem Gemisch aus zerkleinerten Buchen- und/oder Eichenfalllaubblättern (30 %), zerkleinerten Bruchstücken weißfaulem Laubholz (20 %), Erde (40 %) und Sand (10 %) etwa 10 cm hoch aufgefüllt. Als eine Art »Gesundheitspolizei« fungierend, hat es sich vielfach bewährt, einen Zuchtansatz der tropischen Weißen Asseln (*Trichorhina tomentosa*) und/oder Springschwänze (Collembola) mit in das Behältnis zu geben, um gegen Milben oder Schimmelpilze, denen die Asseln und Collembola die Nahrungsgrundlage entziehen, vorzubeugen.

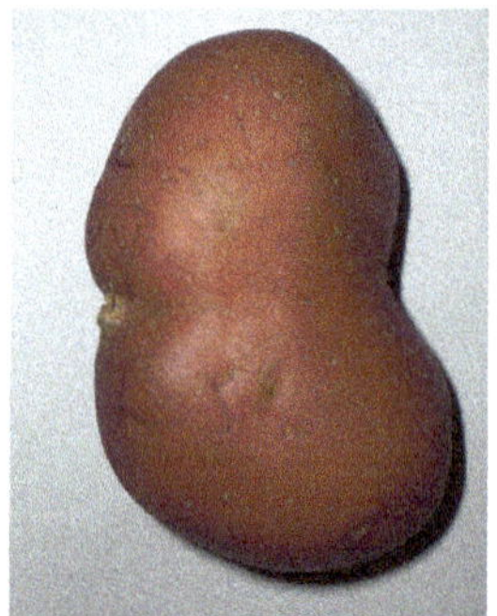
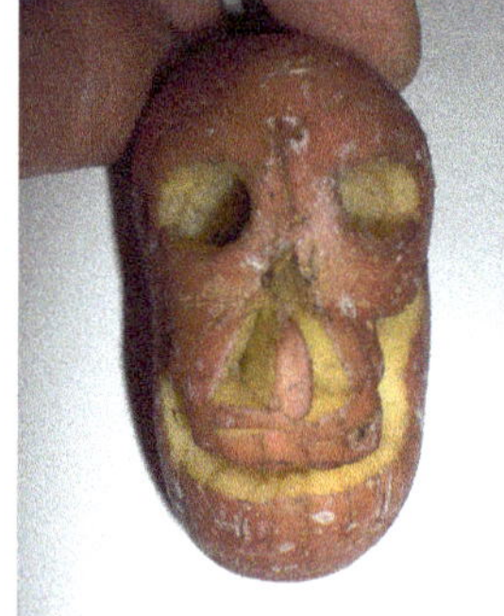

Abb. 12.7: Als zusätzliches Futter für die nützlichen Asseln und Collembolen kann z. B. ein Kartoffelstück auf die Erde gelegt werden. Foto: S. Schorn.

Im Metamorphorium

Die L5-Raupe hört irgendwann plötzlich auf zu fressen und sucht nach einem geeigneten Ort, um sich einzugraben und zu verpuppen. Diese Phase ist leicht daran zu erkennen, dass die Raupe scheinbar orientierungslos umherirrt. Durch die orangebräunliche dunkelgelbe Farbveränderung und den feuchten Glanz der Raupe ist die bevorstehende letzte Larvenhäutung auch optisch gut erkennbar. Zu diesem Zeitpunkt sollten die Raupen in einer Kunststoffbox mit leicht feuchter, lockerer Erde (hierzu eignet sich sehr gut Laubwaldboden, Maulwurfs- oder Terrarienerde oder ein Gemisch daraus) überführt werden. Die Futtergabe wird erst dann eingestellt, wenn sich auch die letzte Raupe eingegraben hat. Nun kann das Behältnis für etwa einen Monat an einer ruhigen

Stelle untergebracht oder die Puppen (nach etwa sieben Tagen) vorsichtig ausgegraben und für die Zeit der Puppenruhe in ein Metamorphorium, eine mit 20 cm hohem Erdsubstrat befüllte, separate Kunststoffbox (z. B. Faunabox), umgesiedelt werden. Je nach Temperatur dauert die Puppenruhe mitunter sogar mehrere Monate, meist kann man jedoch schon ab der fünften Woche mit dem Schlupf der Falter rechnen.

Abb. 12.8: Solche sogenannten Braplast-Boxen sind gut für die verpuppungsbereiten L5-Raupen geeignet, um sich zur Verpuppung einzugraben (a, b). Puppen von *Acherontia atropos* im Metamorphorium (c). Fotos: S. Schorn.

Die L5-Raupen können sich auch unter weniger idealen Bedingungen erfolgreich verpuppen und zum Falter entwickeln. So entkamen Ende Juni 2019 einige L5-Raupen des *A. atropos* von den Futterzweigen aus meinem Büro und fanden sich wenig später als Puppe auf dem Parkettboden im Schlafzimmer bzw. als Imago an der Fenstergardine wieder.

Pflege- und Reinigungsarbeiten

Zu den täglichen Pflege- und Reinigungsarbeiten gehört es, das Wasser der Futterpflanzen auszutauschen, ggf. ihre vertrockneten Blätter abzuschneiden bzw. zu entnehmen und das Küchenpapier zu befeuchten. Etwa alle zwei Tage sind der Kot und Futterreste zu entfernen und das Küchenpapier auszutauschen. Um Schimmelpilz- und Milbenbefall nach Möglichkeit auszuschließen und die Verbreitung vieler potenzieller Krankheitserreger zu vermeiden, muss auf strikte Sauberkeit geachtet werden. Den Raupen sollten stets unbelastete frische Futterpflanzen (bzw. alternativ Kunstfutter) zur Verfügung stehen. Etwa einmal wöchentlich wird das gesamte Aufzuchtbehältnis abgewaschen bzw. gründlich gereinigt und desinfiziert.

Abb. 12.9: Zur Reinigung können Kot und Nahrungsreste nach dem Umsetzen der Raupen mit einem Staubsauger entfernt werden. Foto: S. Schorn.

Freizimmerhaltung, Innenzelthaltung und Freilandhaltung

Die gefräßigen Raupen vertilgen mit fortschreitendem Wachstum immer größere Mengen an Nahrung – und wer viel frisst, macht nicht nur sprichwörtlich viel Mist. Wenn nur wenige der scheinbar nimmersatten Raupen gepflegt werden, hält sich die Arbeit für die Futterbeschaffung und Reinigung noch in erträglichen Grenzen. Wer jedoch ein (oder gar mehrere) Dutzend Raupen des Totenkopfschwärmers zu ernähren hat, wird sich spätestens dann, wenn die größeren L4- und L5-Raupen große Futtermengen innerhalb von wenigen Stunden (oder maximal eines Tages) restlos vertilgt haben, über alternative Fütterungs- und Haltungsmethoden Gedanken machen. Hierbei sind dem Erfindungsgeist und handwerklichen Einsatz kaum Grenzen gesetzt. Die Möglichkeiten reichen vom (im Winter beheizten) Gewächshaus, der Umgestaltung von ganzen Räumen bis zu separaten Zimmern für die Pflege der Raupen, der Nutzung von Kellerräumen zur Unterbringung der Puppen und Aufzucht der Futterpflanzen bis zu reinen Raupen- und Falterhäusern. Eher scheitern die Träume aber an Mitbewohnern und Mitbewohnerinnen oder einfach am nicht vorhandenen Platz.

Abb. 12.10: Bei der Freizimmerhaltung der Raupen ist mit einer großen Verschmutzung des Bodens der Wohnung zu rechnen, denn die gefräßigen Raupen vertilgen mit fortschreitendem Wachstum immer größere Mengen an Nahrung und produzieren beträchtliche Mengen an Kot. Fotos: J. Morisse, S. Schorn.

Die sogenannte **Freizimmerhaltung** bietet sich besonders bei der Pflege von sehr vielen Raupen (etwa ab 20 L4-/L5-Larven) oder Faltern an. Hierfür kann z. B. ein größerer Eimer (ab 20 l) oder ein großer Blumenuntertopf aus Kunststoff als Bodenwanne verwendet und zur einfacheren Reinigung mit Küchen- bzw. Zeitungspapier, Kleintiereinstreu o. Ä. ausgelegt werden. Um ein Entweichen der (bei ausreichendem Futterangebot sehr standorttreuen) Raupen zu verhindern, wird (z. B. mithilfe von Klebeband und PVC-Streifen) ein schräg nach innen ausgerichteter, mindestens 20 cm breiter Barrierestreifen am Außenrand des Eimers, Pflanzentopfes etc. angebracht. Andere Züchter schmieren die obere Innenseite des Behältnisses (mind. 20 cm breit) mit Vaseline ein, um das Herausklettern der Raupen zu unterbinden. In der Mitte des Eimers (o. ä. Behältnisses) wird die Vase mit den Futterzweigen standfest untergebracht. Damit keine Raupe (und insbesondere der reichlich anfallende Kot) beim Herunterfallen neben dem Behältnis landet, sollten die Futterzweige nicht über dessen Außenrand hinausragen und müssen ggf. zusammengebunden werden.

Abb. 12.11: L5-Raupe und Imago von *Acherontia styx* im Freiland. Foto: S. Schorn.

Praxistipp

Ein stabiles, d. h. gegen Umfallen gesichertes Behältnis lässt sich mit wenigen Handgriffen selbst herstellen. Dazu wird ein kleiner Holztisch von ca. 60 × 60 × 40 cm benötigt, in dessen Mitte ein passgenaues Loch für die Aufnahme des Eimers, Kunststoffpflanzentopfs o. Ä. gesägt wird. Vier kräftige, etwa 130 cm lange Bambusstäbe oder vier Holzleisten (Maße ca. 130 × 8 × 2 cm) werden an den Tischbeinen fixiert, sodass darüber ein Rahmen für die Befestigung von Fliegengaze, eines sog. Moskitonetzes o. Ä. entsteht. Beim Anbringen des Gazenetzes sollte die Öffnung beidseitig etwa 10 cm überlappen, zum Verschließen bzw. Öffnen des (sonst rundum geschlossenen) Gazenetzes kann ein Reißverschluss oder ein Klettverschlussband angebracht werden.

Neben den zahlreichen Schmetterlingsgehegen und Flugkäfigen aus dem Entomologie-Fachhandel bietet auch der Terraristik-Fachhandel diverse Gazeterrarien, Flexarien, oder Screen-Terrarien an, die in den nötigen Ausmaßen sich durchaus auch sehr gut für die Haltung der größeren Raupen und Falter eignen.

Die Flexarien der Firma Exo-Terra verfügen über ein Netzgewebe aus Nylon und sind in den Größen 42 × 42 × 76 cm, 76 × 42 × 76 cm und 76 × 42 × 122 cm erhältlich. Die Firma Zoo Med bietet mit dem »Reptibreeze« ein Aluminium-Gaze-Terrarium in den Maßen 41 × 41 × 76 cm bzw. 61 × 61 × 122 cm an. Das »Alu-Cage« der Firma Dragon ist ein Aluminiumdraht-Gaze-Terrarium von 42 × 42 × 66 cm Größe.

Selbst im Outdoor- bzw. Freizeitfachhandel finden sich brauchbare »Gehege« für größere Raupen (L4–L5) bzw. »Flugkäfige« für die Falter. Für die sogenannte **Innenzelthaltung** eignen sich Behausungen für unsere Pfleglinge vom einfachen Wurfzelt, 6-, 8- oder Mehrpersonenzelt bis zum Pavillon. In nahezu jeder Preis- und Größenklasse erhältlich, wird innerhalb der Wohnung nur das Innenzelt aufgestellt, d. h. ohne die äußere Zeltplane. Im Regelfall dienen der Haltung der Totenkopfschwärmer (oder anderer Insekten) vor allem ältere, gebrauchte bzw. beschädigte Zelte, die, sofern nicht bereits vorhanden, ggf. deutlich günstiger erhältlich sind.

Wenn ein oder mehrere Dutzend der gefräßigen L4- und L5-Raupen die Futterbeschaffung schwierig gestalten, bietet sich (zumindest im Sommer bis zum Herbst) die sogenannte **Freilandhaltung** an, die gewissermaßen das Gegenteil von »wild growing« (zu Deutsch: wildes Anpflanzen) bildet. Gemeint ist damit eine durch Schmetterlingsraupen bewirkte biologische Reduzierung von Pflanzen. Die grundsätzliche Voraussetzung hierfür ist natürlich, die Erlaubnis vom Besitzer der jeweiligen Futterpflanzen (z. B. Liguster, Kartoffelpflanzen und andere Nachtschattengewächse) bzw. vom entsprechenden Grundstücks- oder Flächeneigentümer einzuholen.

Die Ernte der Kartoffelbauern durch den Mundraub der Raupen zu dezimieren, ist keine Option, da die meisten Felder ohnehin mit Insektiziden, Pestiziden, Neonicotinoiden und anderen für Insekten schädlichen Stoffen belastet sind. Doch lassen sich recht schnell beispielsweise durch Nachfragen bei Biobauern, Kleingartenvereinen, Botanischen Gärten etc. dankbare »Futterspender« finden, die es begrüßen, wenn auf rein biologische Art und Weise z. B. unliebsame Ligusterbüsche oder die grünen Blattreste nach der Kartoffelernte durch Auffressen beseitigt werden. Um ein Abwandern der Raupen auf andere Pflanzen zu verhindern, besonders aber, um die Pfleglinge weitgehend vor möglichen Fressfeinden (z. B. Vögel) beschützen zu können, leistet ein (mit geöffnetem Eingang) darüber senkrecht aufgestelltes Innenzelt (oder Moskitonetz etc.) gute Dienste. Mit einem großen Sonnen- oder Anglerschirm (etwa 250 cm Durchmesser) und einem Überwurf (bzw. Gazenetz) wird das »Freigehege« für die L4- und L5-Raupen deutlich mobiler. Um im Sommer bis zum Herbst ganze Ligusterhecken oder große Mengen anderer Futterpflanzen im Freiland »abweiden« zu lassen, ist zum Schutz der Raupen (oder ggf. auch der Falter) ein Garten- oder Campingpavillon ideal, dessen offene Seiten mit daran angebrachten Gazenetzen gesichert werden. Für diesen Zweck ebenso geeignet sind Foliengewächshäuser, die bei der Haltung von Faltern aber meist noch mit einem Gazenetz gegen ein Entkommen gesichert werden müssen.

Ernährung und Kunstfutter

Die kleinen Larven wachsen ziemlich rasch von ca. 6 mm bis zur 8–9 cm großen Raupe heran und fressen in diesem Zeitraum Unmengen an Futter. Es gilt bei der Aufzucht besonders darauf zu achten, dass nicht zu viele Raupen auf engem Raum zusammensitzen. Wenn Platz- und/oder Nahrungsmangel herrscht, attackieren sich die Raupen gegenseitig mit Bissen, was sehr oft zum Ableben der verletzten Raupe führt. Sogar Kannibalismus der Raupen ist bei zu geringem Raum- und Futterangebot keine Seltenheit. Durch den unersättlichen Hunger der Raupen ist es ab etwa einer Anzahl von fünf L3-/L4-Raupen oft unnötig, die Vasen der Futterpflanzen mit Wasser zu füllen, da diese meist ohnehin schneller aufgefressen als vertrocknet sind. Wenn keine ausreichenden Mengen der Futterpflanzen vorhanden sind, wie es in den letzten Wintermonaten häufig vorkommt, kann man die Raupen auch mit künstlichem Futter ernähren, das selbst hergestellt werden kann. Sind die Raupen einmal an Kunstfutter gewöhnt, ist die Chance, dass sie danach wieder natürliches Futter akzeptieren, sehr gering. (Zum Fraßverhalten siehe auch Kap. 6.7.2)

Rezept für Kunstfutter (KuFu)

500 ml kochendes Wasser

15 g getrocknete, gemahlene Ligusterblätter (sog. Blattmehl)

15 g Agar-Agar

10 g Bierhefe

5 g Ascorbinsäure (in Apotheken und Drogerien erhältlich)

Herstellung:

Wasser, Agar-Agar und Blattmehl in einem Kochtopf mit einem Mixer oder Rührstab gut verquirlen. Die Masse etwa 3–4 Minuten unter ständigem Rühren köcheln lassen.

Die Mischung nun auf ca. 35 °C abkühlen lassen, bevor die restlichen Zutaten hinzugefügt werden. Schließlich wird alles noch einmal gut durchgerührt und in kleine Förmchen, z. B. Soßen- oder Puddingbecher, verteilt. Sobald das KuFu erkaltet und fest geworden ist, kann man es verfüttern bzw. portionsweise einfrieren.

Bei der Herstellung und Fütterung von KuFu ist besonders auf Sauberkeit zu achten, da es sehr schnell zu schimmeln beginnt. Das KuFu muss vor dem Verfüttern vollständig aufgetaut und auf Zimmertemperatur gebracht worden sein und täglich erneuert werden. Zur einfacheren Entnahme wird das KuFu auf einer flachen Schale zu den Raupen gestellt.

Abb. 12.12: Für die Herstellung von Kunstfutter werden Ligusterblätter zunächst getrocknet und danach zerkleinert. Fotos: S. Schorn.

Werden frische Futterpflanzen angeboten, halten sich die Raupen fast ausschließlich auf diesen auf, beim Verfüttern von Kunstfutter fehlt den Tieren eine Klettermöglichkeit. Um den Raupen dennoch Kletter- und Versteck- bzw. Rückzugsmöglichkeiten für die Häutung zu bieten, können Zweigstücke – möglichst von Liguster oder anderen Nahrungspflanzen –, Bambusstangen, Drahtgitter oder ähnliche, leicht zu reinigende oder einfach austauschbare Gelegenheiten zum Klettern eingebracht werden.

Transport und Versand

Dank der heutzutage schnellen Transportwege (ggf. über Luftpost) ist auch der Versand von Schmetterlingen wie dem Totenkopfschwärmer kein Problem mehr. Am einfachsten, platzsparendsten und besten lassen sich Eier oder Puppen versenden. Im Folgenden sind einige Hinweise und Tipps aufgeführt, die für den Transport und Versand von Totenkopfschwärmern oder anderen Schmetterlingen hilfreich sein können. Wichtige Informationen zum Umgang mit Eiern, Raupen, Puppen und Faltern finden sich in Kap. 12.2.2 dieses Buches.

- Der Empfänger sollte vorab über den Inhalt und die voraussichtliche Ankunft der Sendung informiert und entsprechend vorbereitet sein, d. h. ausreichend Futterpflanzen zur Verfügung haben.
- Bei einem Versand über den Postweg sollten die Tiere am Anfang der Woche und nicht unmittelbar vor Feiertagen aufgegeben werden. Dabei ist die schnellstmögliche Versandart (Express) zu wählen, über die Sendungsnummer lässt sich der jeweilige Standort der Sendung zurückverfolgen.
- Wenn die Eier schon älter sind oder der Transport länger als einen Tag dauert, sollte dem Versandbehältnis eine entsprechende Menge der Futterpflanze für die ggf. schlüpfenden Raupen beigegeben werden.
- Während Eier oder Puppen bei geeigneten Außentemperaturen bereits in einem Luftpolster-Briefumschlag versendet werden können, ist beim Versand von Raupen ein Päckchen bzw. Paket nötig. Auf den Versand von lebenden Faltern sollte man zum Wohl der Tiere verzichten.
- Für den Versand von Eiern oder Puppen sind stabile Kunststoffbehältnisse nötig, so lassen sich z. B. in Fotofilmdosen oder kleinen Plastikröhrchen (ca. 2,5 cm Durchmesser × 5 cm Höhe) gut 100 Eier oder in flachen Plastikdosen von 8 × 5 × 4 cm bis zu 9 Puppen der Totenkopfschwärmer unterbringen. Etwa 10–20 L1- bis L2-Raupen können in HD (etwa 10 × 10 × 6 cm) und die größeren L3- bis L5-Raupen in entsprechend größeren Kunststoffbehältnissen (z. B. Braplast-Dosen mit Belüftungsflächen) verschickt werden.
- Um ein Dehydrieren während des Transportes auszuschließen, wird das Kunststoffbehältnis von innen mit zwei Lagen Küchenpapier ausgelegt, die leicht angefeuchtet und nochmals festgedrückt werden, bevor eine dritte Lage trockenes Küchenpapier darauf aufgelegt wird. Die Eier werden nun in die Mitte eines Vlies- oder Küchenpapierstückes gelegt, dessen Außenseiten da-

nach zusammengefaltet und durch Drehbewegungen zu einem geschlossenen Säckchen geformt, das oberseits ggf. mit einem Streifen Tesafilm verschlossen werden kann. Nachdem das »Eiersäckchen« in der Mitte der Kunststoffdose postiert und die verbliebenen Zwischenräume mit Füllmaterial (z. B. zerknittertes Küchenpapier, leicht feuchtes Sphagnummoos) ausgestattet wurden, legt man noch ein Stück Vlies- oder Küchenpapier darauf, sodass dieses mit dem Deckel fixiert und verschlossen werden kann. Schließlich werden noch die wichtigsten Daten (Art, Anzahl und Alter der Eier) auf dem Deckel notiert, eine ähnliche Beschriftung sollte auch beim Versand von Raupen oder Puppen erfolgen. Werden flache Transportbehältnisse verwendet, können die Eier z. B. in einem Luftpolster-Briefumschlag versendet werden.

- Beim Versand von Raupen oder Puppen wird ähnlich vorgegangen und das Transportbehältnis wie beschrieben mit feuchtem Küchenpapier ausgelegt. Um den unbändigen Hunger der Raupen auch während der Transportzeit stillen zu können, gilt es für ausreichend Proviant zu sorgen. Zumeist wird Liguster als Futterpflanze verwendet (sind die Raupen an andere Futterpflanzen gewöhnt, wird die gleiche Art als Reiseproviant zugefügt), die biegsamen Zweigstücke werden so in der HD oder anderen Kunststoffbehältnissen fixiert, dass sie (bei evtl. Schüttelbewegungen oder Herunterfallen während des Transportes) nicht umherschleudern können. Nachdem die Raupen hineingesetzt und das mit Lüftungsflächen ausgestattete Transportbehältnis mit einem Küchenpapierstück unter dem Deckel (auf dem Daten wie Artbezeichnung, Anzahl, Larvenstadium, ggf. Schlupfdatum, Artbezeichnung der Futterpflanzen etc. notiert sind) verschlossen wurde, kann das Behältnis in einer Kartonverpackung versandfertig gemacht werden. Aufgrund der isolierenden Eigenschaft ist als Transportverpackung eine Styroporbox im Sommer und Winter (bei Minusgraden zusätzlich mit einem Heatpack versehen) von Vorteil. Um ein etwaiges Umkippen oder Umherschleudern während des Transportes auszuschließen, wird verbliebener Freiraum zwischen Transportbehältnis und Styroporbox mit leichtem Füllmaterial (zerknülltes Zeitungspapier, Holzwolle oder Ähnliches) dicht aufgefüllt.
- Beim Transport müssen Puppen stoßfest und weich gebettet untergebracht sein. Eine Möglichkeit ist, Küchenpapier etwa bis auf die doppelte Fingerlänge zu falten und dann drei bis viermal fest um den Mittelfinger zu wickeln. Das freistehende obere Ende Küchenpapier wird nach unten gedrückt und mit einem Streifen Klebeband befestigt. Die Puppe kann nun in dieser künstlichen Puppenwiege ihren Platz finden und die obere Öffnung (wie zuvor beim »Eiersäckchen« beschrieben) verschlossen werden. Das möglichst stabile, flache Transportbehältnis wird, wie beschrieben, mit angefeuchtetem Küchenpapier ausgelegt, bevor die Puppe(n) hineingelegt und ggf. verbliebene Freiräume mit Sphagnummoos, zerknülltem Küchenpapier oder anderem

Füllmaterial verdichtet werden. Schließlich wird noch eine Lage Küchenpapier zwischen Transportbehältnis und Deckel aufgelegt und verschlossen. Auch hier ist der Deckel beschriftet mit Angaben zu Art, Anzahl, ex ovo/ex larva-Datum, ggf. Geschlecht etc.

Abb. 12.13: Zum Transport oder Versand der Raupen sollten diese mit ausreichend Futter als Reiseproviant versorgt und in einer luftdurchlässigen Dose untergebracht werden (a), diese wird gut (z. B. mit zerknülltem Zeitungspapier) gepolstert in einer isolierenden Styroporbox verstaut (b), diese wird im Winter ggf. mit einem innen am Deckel fixierten Heatpack; bei hohen Temperaturen im Sommer ggf. mit einem Coolpack/Kühlakku ausgestattet. Fotos: a: J. Morisse, b: S. Schorn.

12.4 Haltung der Falter

12.4.1 Ausstattung und Haltungsbedingungen für die Falterpflege

Terrarium, Flexarium, Flugkäfig, Freizimmer- oder Freilandhaltung?

Sobald die Falter geschlüpft sind, benötigen sie deutlich mehr Platz als die Raupen, besonders in der Höhe. Für fünf Falter sollte das Behältnis die Mindestmaße von 40 × 40 × 60 cm aufweisen. Neben Flexarien, Gazeterrarien oder selbstgebauten Flugkäfigen, wie ein an der Decke angebrachtes Moskitonetz, bietet sich auch die Haltung in zweckentfremdeten Wäsche- (aus feinmaschigem Stoff) und vielen anderen möglichen Behältnissen an. Statt der käuflichen Luxusausführungen der sogenannten Screen-Terrarien, Flexarien oder Gazeterrarien kann man solche mit etwas handwerklichem Geschick auch selbst anfertigen. Die Ausmaße des Behältnisses richten sich dabei nach der Anzahl der darin gepflegten Falter, so können z. B. 10–20 Imagines in einem Flexarium von 60 × 60 × 120 cm gehalten werden. Wenn ein ganzer Raum (sog. freie Zimmerhaltung) für die Falter zu Verfügung steht, finden darin mehrere Dutzende, bei großen Räumen auch mehrere hundert Falter ausreichend Platz zum Fliegen und Verstecken.

Während oder nach der Puppenruhe wird das Metamorphorium mit den Puppen in jenes Gehege überführt, in dem die Falter letztendlich leben sollen. Küchenpapier ist als **Bodensubstrat** bei den Faltern aus praktischen Gründen vorteilhaft, in größeren Flexarien oder anderen geräumigen Flugkäfigen kann darunter noch eine Lage Zeitungspapier eingebracht werden.

Ähnlich wie bei der Pflege der Raupen sollte der optimale **Standort** für das Flexarium, Terrarium etc. keiner direkten Sonneneinstrahlung ausgesetzt sein und das Behältnis auf einer stabilen, erschütterungsfreien Fläche untergebracht werden. Das Rauchen oder Einbringen von aromatischen Gerüchen durch Duftkerzen, Aromalichter, Raumerfrischer o. Ä. in diesem Raum ist zu unterlassen.

Abb. 12.14: Zur Haltung der Falter haben sich luftdurchlässige Behältnisse aus Textilgaze bewährt. Foto: S. Schorn.

Technische Ausstattung

An einem optimalen Standort kann in der Regel auf eine technische Ausstattung verzichtet werden. In kühlen und recht dunklen Räumen ist dann, wenn die Temperaturen unter 18 °C absinken, eine künstliche **Beheizung** (z. B. über Heatpanels, Heizkabel oder Heizmatten) erforderlich. Ein dazwischengeschalteter Thermostat erleichtert dabei die Einstellung, Regelung und Kontrolle der Temperatur erheblich.

Beleuchtungsmittel können während des Tages für die nötigen Temperaturen sorgen und in kühlen, dunklen Räumen somit zugleich als Heizung fungieren, wenn die Heizlampen (z. B. Bright-Sun-Strahler, Halogenstrahler oder Basking-Spot-Lampen) in den entsprechenden Wattstärken ausreichend Wärme abgeben. Im Sommer (oder im Winter in geheizten und recht hellen Räumen) ist eine künstliche Beleuchtung für die Falter in den meisten Fällen unnötig. Wenn für die Vitalität der Futterpflanzen oder zur besseren Beobachtung der Falter eine künstliche Beleuchtung günstig erscheint, sollte diese möglichst wenig Wärme abgeben, daher sind LED-Leuchtmittel oder Energiesparlampen hierfür gut geeignet. Die Beleuchtungsdauer während des Tages sollte im Herbst und Winter etwa 10 Stunden, im Frühjahr und Sommer ca. 12 Stunden betragen.

Temperatur und Luftfeuchtigkeit (rF)

Der Totenkopfschwärmer ist hinsichtlich seiner Ansprüche an Temperatur und Luftfeuchtigkeit (rF) recht tolerant, die ideale Temperatur liegt bei *Acherontia atropos* während des Tages bei ca. 23–26 °C und in der Nacht bei etwa 18–22 °C. *Acherontia lachesis* und *A. styx* mögen es tagsüber etwas wärmer, an lokalen Wärmeinseln kann die Temperatur auch 35 °C betragen. Die rF sollte während der Nacht (und besonders bei frisch geschlüpften Faltern) mit 70 bis 85 % rF etwas höher liegen als tagsüber (50 bis 65 % rF), dies lässt sich durch abendliches und ggf. morgendliches Anwenden eines Wasserzerstaubers erzielen. Zur Kontrolle der Temperatur und Luftfeuchtigkeit sind digitale Thermometer bzw. Hygrometer deutlich präziser als die analogen Ausführungen. Einige Firmen bieten digitale Kombigeräte aus Thermometer (ggf. auch mit integrierter Speicherung der Höchst- und Tiefstwerte) und Hygrometer an, die mit sogenannten Fernfühlern ausgestattet sind, sodass das Display zur Anzeige von Temperatur und rF zur einfachen Bedienung auch extern, d. h. außerhalb des Geheges, angebracht werden kann.

Einrichtung

Die Einrichtung der Flexarien, Screen-/Gazeterrarien oder ähnlichen Gehege sollte möglichst spartanisch sein und sich auf das Nötigste beschränken. Bei größeren Holz- oder Glasterrarien empfiehlt es sich, die Rückwand und Seitenwände mit Korkrinden- oder Presskorkplatten zu bekleben, wodurch sich die Bewegungsfläche für die Falter deutlich erweitern lässt.

Praxistipp

Die im Terraristik-Fachhandel häufig angebotenen Kokosfasermatten sind für die Rückwandgestaltung der Faltergehege ungeeignet, da die Tiere sich darauf nicht gut bewegen und ihre Tarsen sich darin verhaken können. Optisch ansprechend und praktisch ideal sind dagegen geklebte Rindenplatten der Korkeiche oder die heißgepressten sogenannten Schwarzkorkplatten, die passgenau geschnitten als Rück- bzw. Seitenwandverkleidung ins Terrarium eingeklebt werden können.

Damit sich die Falter dabei später nicht durch Spalten zwängen und hinter die Rückwand gelangen, sollte die Rück- bzw. Seitenwand beim Ankleben mit einem durchgängigen Silikonstreifen (etwa 0,5 cm neben den Außenkanten der Korkplatte) versehen werden. Um eine gute Haftung des Silikons zu gewährleisten, empfiehlt es sich, das Terrarium mit der Rück- bzw. Seitenwand auf den Boden (bzw. auf eine Styroporplatte) zu legen und die frisch angeklebte Korkplatte oberseits zu beschweren, beispielsweise mit einem darauf gestellten, mit Wasser gefüllten Eimer. Nach ca. 24 Stunden ist das Silikon dann festhaftend.

Als **Bodensubstrat** ist eine Lage Küchenpapier (ggf. mit ausgelegtem Zeitungspapier darunter) ausreichend. Idealerweise wird eine eingetopfte **Futterpflanze** (z. B. Liguster, Kartoffel) in das Gehege gestellt, an der die Falter nach dem Schlupf emporklettern und sich entfalten bzw. aushärten können. Sie wird von den weiblichen Faltern außerdem gern für die Eiablage genutzt und dient später als erstes Futter für die Raupen. Aus organisatorischen und praktischen Gründen empfiehlt es sich, bereits vor dem Schlupf der Falter mehrere weitere eingetopfte Futterpflanzen im Garten, auf dem Balkon oder auf der Fensterbank bereitstehen zu haben. Mit dieser Bevorratung lassen sich die Futterpflanzen, auf die bereits Eier abgelegt oder die von den Raupen abgefressen wurden, einfach austauschen.

Um den Faltern tagsüber **Rückzugs- und Versteckmöglichkeiten** zu bieten, können senkrecht (aber standfest!) aufgestellte Rindenstücke, Papprollen (z. B. von leeren Küchenpapier) oder in größeren Gehegen Eierkartonlagen eingebracht werden.

Pflege und Reinigungsarbeiten

Zu den täglichen Pflegearbeiten gehört es, den augenscheinlichen Gesundheitszustand der Pfleglinge sowie die Temperatur und rF zu überprüfen. Offensichtlich erkrankte, geschwächte oder auffällig abnorme Falter sollten in einem Quarantänebehältnis separiert und beobachtet bzw. aufgepäppelt werden. Mitunter kann es bei der Pflege von vielen dominanten männlichen Faltern und wenigen Weibchen erforderlich sein, die eventuell unterdrückten weiblichen Tiere für einige Tage zur Erholung von den Männchen zu trennen bzw. separat zu halten. Ein Zuchtansatz von Springschwänzen und tropischen Asseln beugt auch bei den getopften Futterpflanzen Schimmelbildung und Milbenbefall vor. Eine ca. fingerbreite rohe Kartoffelscheibe auf oder in der feuchten Blumenerde dient den kleinen Nützlingen als Nahrung und bevorzugtem Aufenthaltsort.

Das Gehege und besonders die Futterpflanze werden täglich nach abgelegten Eiern untersucht bzw., wenn etwa ein Dutzend Eier daran haften, entnommen und in ein separates Terrarium oder anderes Raupenaufzuchtbehältnis überführt und wie auch das Bodensubstrat kurz mit einem Wasserzerstäuber befeuchtet. Je nach Besatzdichte und Gehegegröße bzw. je nach Verschmutzungsgrad ist das Küchenpapier (oder ähnliches Bodensubstrat) ca. alle 2–8 Tage auszutauschen. Etwa einmal wöchentlich (bzw. sobald erforderlich) sollte das gesamte Terrarium oder Falterbehältnis gründlich gereinigt werden.

12.4.2 Ernährung und Vermehrung

Natürliche Ernährung der Falter und die Fütterung von Hand

Die Falter beginnen meist am zweiten oder dritten Tag mit der Nahrungsaufnahme. Entsprechend ihrer natürlichen Ernährungsweise sollten die Falter in den Abendstunden mit Honig aus einem geeigneten Gefäß (Trinkflaschenverschluss o. Ä.) gefüttert werden. Bei der Fütterung der Falter ist darauf zu achten, dass alle Tiere selbstständig Nahrung aufnehmen.

Abb. 12.15: *Acherontia-atropos*-Falter beim Trinken von Honigwasser. Foto AHS.

Wenn Falter etwa 3–4 Tage nach dem Schlupf noch nicht fressen, müssen sie von Hand gefüttert werden, dabei ist sehr achtsam vorzugehen. Die manuelle Zwangsernährung klappt am besten in den Abendstunden, da die Falter auch in der freien Natur erst in der Dämmerung auf Nahrungssuche gehen. Bei dieser Methode wird der Falter behutsam mit einer Hand fixiert. Das Tier wird mit dem Daumen und Zeigefinger am Thorax ergriffen und vorsichtig auf eine weiche Unterlage (z. B. Styroporplatte, Handtuch) gedrückt. Mit der anderen Hand wird der Saugrüssel mithilfe eines Zahnstochers – und natürlich unter größter Vorsicht! – abgerollt und die Spitze in eine flache Schale gehalten, die mit einer Mischung aus Honig und Wasser im Verhältnis 1:2 gefüllt ist. Meist sind bei dieser manuellen Fütterung mehrere Versuche nötig, ist man jedoch erst einmal darin geübt, geht sie schnell von der Hand.

Abb. 12.16: Der Falter des *Acherontia atropos* bei der Nahrungsaufnahme. Fotos: S. Schorn.

!

Praxistipp

Damit die Tiere bei ihren häufig ungestümen Bewegungen nicht mit dem klebrigen Honig in direkten Kontakt kommen und sich beispielsweise die Flügel verkleben, sollten das Futter (z. B. Bienenwaben) bzw. die Futterbehältnisse standfest untergebracht sein. Behältnisse sind praktischerweise ca. 3 cm über der Öffnung (mit Bierdeckeln o. Ä.) abzudecken und tagsüber aus dem Gehege zu entfernen (auch Bienenwaben). Am einfachsten und natürlichsten ist es, sich Bienenwaben von einem Imker zu besorgen.

Abb. 12.17: Bienenwabe im Faltergehege. Foto: S. Schorn.

Vermehrung: Kopulation und Eiablage

Die Imagines der Totenkopfschwärmer sind im Allgemeinen sehr paarungswillig. Wenn die Falter gut gestärkt sind, erfolgt die erste Kopulation häufig schon innerhalb weniger Stunden nach der ersten Nahrungsaufnahme, in der gleichen Nacht. Eine **künstliche** bzw. **manuelle Verpaarung**, bei der das Männchen von Hand auf das Weibchen gesetzt wird bzw. die Abdomen der Falter so aneinandergehalten werden, dass der Klammerreflex des Männchens ausgelöst wird, ist bei der Gattung *Acherontia* daher unnötig. Siehe auch Kap. 6.5 und 6.6.

> Die sogenannte »Handverpaarung« wurde bereits von Ekkehard Friedrich in seinem »Handbuch der Schmetterlingszucht« ausführlich beschrieben (Friedrich 1975). Auch Geiger (1980), Reinhardt & Harz in »Wandernde Schwärmerarten« (1996) und einige andere Autoren bzw. Züchter beschreiben die Handverpaarung bei manchen schwierigen Arten oder unter bestimmten Umständen als sinnvoll.

Die Eier werden von den weiblichen Faltern in der Abend- oder Morgendämmerung gern an den Futterpflanzen abgelegt. Diese sollten daher täglich abgesucht und die Eier vorsichtig (möglichst zusammen mit den Blättern der Pflanze, auf denen sie haften) abgesammelt und entnommen werden, um sie in eine HD auf leicht angefeuchtetes Küchenpapier zu legen.

Die kleinen Raupen (L1) schlüpfen nach durchschnittlich 8 Tagen und der gesamte Kreislauf beginnt erneut.

Abb. 12.18: Schauterrarium für die Haltung der Falter des Totenkopfschwärmers. Foto: S. Schorn.

Glossar

A

Abdomen: Hinterleib

Abdominalsegmente: Hinterleibsabschnitte eines Gliedertieres, dazu gehören u. a. Tergite und Sternite

Aberration: vom Normalfall abweichende Erscheinungsform

Adaption: Vorgang der Anpassung

adult: erwachsen, geschlechtsreif

Aedoeagus, Aedeagus: spermaübertragendes Organ (Penis) männlicher Insekten

Aeropylen: Poren in der Eischale (Choridon)

Afterschild: erhärtete (sklerotisierte) Rückenplatte des 10. Abdominalsegments bei Schmetterlingsraupen

Akkommodieren, Akkommodation: dynamische Anpassung der Brechkraft des Auges, die dazu führt, dass Objekte in einiger Entfernung scharf gesehen werden können

Alae: hinterer Hautflügel/Hinterflügel der Schmetterlinge

allochthon: im Gebiet nicht bodenständig, ursprünglich dort nicht vorkommend, verschleppt und ggf. nur vorübergehend angesiedelt, Gegenteil von autochthon

Albinismus: meist krankhafte, teilweise oder völlige Weißfärbung üblicherweise anders gefärbter Flügel

allopatrisch: nicht im selben Gebiet vorkommend, geografisch voneinander getrennt

alpin: Höhenstufe der baumfreien Matten und Zwergstrauchheiden, in Deutschland je nach Breitengrad zwischen 1 300 und 2 700 m ü. d. M.

Analhorn: charakteristisches Merkmal von Raupen der Bombycoidea, es befindet sich mittig am achten Abdominalsegment

Analklappe: verschliessbare Öffnung am letzten Abdominalsegment

Antennen: Fühler; gegliederte Fortsätze am Kopf von Wirbellosen mit zahlreichen Sinnesorganen; sie können einfach, gezähnt oder gefiedert sein, um die Oberfläche zu vergrößern.

anthropogen: vom Menschen (verursacht)

Apex: die Außenspitze, das Ende eines Organs

arid: trocken

Artepitheton: zweite (immer mit kleinem Anfangsbuchstaben geschriebene) Namensteil eines biologischen Artnamens gemäß der biologischen Nomenklatur

Arthropoden: Stamm des Tierreiches, wissenschaftliche Bezeichnung der Gliederfüßer, zu denen u. a. Insekten, Spinnentiere, Tausendfüßer und Krebstiere gehören

Augenfleck: runde Farbzeichnungen auf den Flügeln, die Augen vortäuschen sollen

autochthon: bodenständig, ursprünglich in diesem Gebiet vorkommend, Gegenteil von allochthon

B

BArtSchV: Abkürzung für Bundesartenschutzverordnung (Verordnung zum Schutz wild lebender Tier- und Pflanzenarten)

basal: am Anfang, an der Wurzel liegend

Biodiversität: biologische Vielfalt

Bioindikator: Organismus, der sehr empfindlich auf Änderungen in seinem Lebensraum reagiert und dadurch als Anzeiger für die Umweltqualität dienen kann

Biotop: Lebensraum einer Lebensgemeinschaft (Biozönose) mit einheitlichen Umweltbedingungen; ein Biotop ist die kleinste Einheit der Biosphäre

Biozönose: Gemeinschaft von Organismen verschiedener Arten in einem abgrenzbaren Lebensraum (Biotop). Biozönose und Biotop bilden zusammen das Ökosystem.

Bombycoidae: Schmetterlings-Überfamilie der Seidenspinner

Bursa copulatrix: Bezeichnung des Genitalapparates, der auch Begattungstasche genannt wird.

C

Caput: Kopf

carnivor: räuberisch lebend, Fleisch fressend

caudal: hinten gelegen

Chitin: stickstoffhaltige Substanz, aus der die harten Körperteile der Insekten gebildet sind

Coleoptera: Ordnung der Käfer

Corona: Dornenkranz der Valven

Coxa: Hüfte

Cremaster: chitinisiertes Körperende der Puppe

Cucullus: beweglicher Anhang des Prosomas, der die Mundglieder in Ruhe wie eine Kapuze dorsal bedeckt

Cuticula: aus Chitin bestehender Panzer der Insekten

D

Determination: Bestimmung eines Tieres

Diapause: genetisch verankerte, an ein bestimmtes Entwicklungsstadium gebundene Unterbrechung der Entwicklung. Die obligatorische Diapause tritt bei allen Individuen einer Population unter allen Umständen ein, die fakultative Diapause nur bei Individuen, die bestimmten Umwelteinflüssen ausgesetzt sind. Die Diapause dient in den gemäßigten Breiten oft zum Überdauern kalter Jahreszeiten, in den Tropen zur Überbrückung von Trockenzeiten. Sie kann in allen Entwicklungsstadien auftreten.

Digitus: allegorisierte Struktur im distalen Drittel der Valve

Dimorphismus: unterschiedliche Ausprägung in Gestalt oder Färbung bei einer Art

Diptera, Dipteren: Ordnung der Zweiflügler (Fliegen, Mücken)

distal: am Ende, von der Körpermitte entfernt liegend

Distribution: Verteilung

Dormanzform: Formen der Entwicklungsverzögerung bei Lebewesen

dorsal: auf der Ober- bzw. Rückenseite gelegen

Ductus bursae: Begattungsgang

Duftschuppen: Schuppen, die einen Sexuallockstoff freisetzen

E

Ecdysis: Häutung, Abstreifen der alten Hauthülle

endemisch: nur in einem Gebiet vorkommend, z. B. nur auf einer Insel oder Inselgruppe, nur auf einigen Bergen innerhalb eines Gebirgszuges

endo-: innen-, Innen- (Vorsilbe)

Endoparasit: Parasit, der im Körperinneren des Wirts lebt

Entomologie: Insektenkunde

Exuvie: Haut, die nach der Häutung eines Wirbellosen übrigbleibt, also alte Larven- oder Puppenhaut

F

Facettenauge: Komplexauge der Insekten, bestehend aus vielen kleinen Einzelaugen (bis zu 20 000)

Familie: in der Systematik eine Rangstufe zwischen Ordnung und Unterfamilie

Femur: Oberschenkel

fertil, Fertilität: fruchtbar, Fruchtbarkeit

Flagellum: Fühlergeißel (ohne die beiden Grundglieder Scapus und Pedicellus)

Flexarium: Luftdurchlässiger Gaze-oder Kunststofffaser-Käfig, u. a. zur Haltung von Faltern

fossil: im Pleistozän (der vorherigen geologischen Periode) oder vorher ausgestorben

G

Ganglien: Nervenstränge

Gattung: in der Systematik eine Rangstufe, die eine oder mehrere Arten enthält; die Arten einer Gattung sind näher miteinander verwandt als mit denen einer anderen Gattung

Geäder: Die Flügel werden von röhrenartigen Verstärkungen durchzogen, die zugleich den Bluttransport besorgen als auch Nerven enthalten

Generatio aestivalis (gen. aest.): Sommergeneration

Generatio autumnalis (gen. aut.): Herbstgeneration

Generatio vernalis (gen. vern.): Frühjahrsgeneration

Genus: Gattung; in der Systematik eine Kategorie unterhalb der Familie und oberhalb der Art. Sie umfasst eine Gruppe von nahe verwandten Arten.

Geometridae: Schmetterlings-Familie der Spanner

Geschlechtsdimorphismus: Männchen und Weibchen sind verschieden in Bau, Form oder Zeichnung

Gliederfüßer: ein Stamm des Tierreichs der die Gesamtheit der Insekten, Spinnentiere, Tausendfüßer, Krebstiere und andere Arthropoden umfasst

Gnathos, Scaphium: Kiefer

Greifbeine: Unechte Beine am Hinterleib der Raupe

Gynander: Falter, bei denen männliche und weibliche Eigenschaften nebeneinander auftreten, meist irrig als Zwitter oder Halbseiten-Zwitter bezeichnet

H

Habitat: Lebensraum

Hämolymphe: Körperflüssigkeit der Gliederfüßer

Heteroneura: Gruppe der sog. Höheren Schmetterlinge

holometabol: vollständige Entwicklung bei Insekten, also Ei – Larve – Puppe – Imago

Hybrid: Nachkomme einer Kreuzung zweier unterschiedlicher Arten; solche Nachkommen sind im Allgemeinen nicht fortpflanzungsfähig

Hybridisation: Kreuzung von zwei verschiedenen Arten, Unterarten oder Rassen

I

Imago, Plural: **Imagines:** erwachsenes, geschlechtsreifes Insekt

Interferenz: Erscheinungen, die bei der ungestörten Überlagerung von mehreren (Licht-)Wellen erzeugt werden

J

juvenil: jugendlich; jedes Stadium vor der Imago

K

Karbon: Erdgeschichtliches Zeitalter, das vor etwa 358,9 begann und vor etwa 298,9 Millionen Jahren endete

Kiefertaster: Sinnesorgane am Mund, die mögliche Nahrungsquellen untersuchen

Kokon: Hülle aus Gespinst um die Puppe, die die Larve vor der Verpuppung zum Schutz anlegt (z. T. mit Sand, Erde oder Pflanzenteilen vermengt)

Kopula, Kopulation: Paarung, Begattung

Kutikula: Außenskelett, das einer erhärteten Schicht aus Chinin und Skelerotin gebildet wird. Es ist außerordentlich widerstandsfähig gegen äußere Einflüsse und trotzdem sehr leicht.

L

Labium: Unterlippe, Bestandteil der Mundwerkzeuge

Labrum: Oberlippe, Bestandteil der Mundwerkzeuge

lachryphag: sich von Tränenflüssigkeit ernährend

Lamina dentata: siehe Signum

larva coarctata, auch **Pseudochrysalis:** Scheinpuppe

Larve: Jugendstadium des Insektes nach dem Ei bis zur Puppe

lateral: an der Seite oder seitlich gelegen

Lepidoptera: Ordnung der Schmetterlinge

Lepidopterologie: Lehre von den Schmetterlingen, Schmetterlingskunde

M

Macrolepidoptera: Gruppe der Großschmetterlinge

Malpighische Gefäße: Exkretionsorgane der Gliederfüßer, sozusagen die »Nieren« der Arthropoda

Mandibel: Oberkiefer, Bestandteil der Mundwerkzeuge

marginal: am Rand liegend, zum Rand gehörig, außen liegend

Maxille: Unterkiefer, Bestandteil der Mundwerkzeuge

median: die Körpermitte betreffend

Mentum: Kinn, Chitinplatte im mittleren Teil der Unterlippe

Mesosternum: Mittelbrust von ventral

Mesothorax: Mittelbrust von dorsal

Metathorax: Hinterbrust von dorsal

Mesozoikum: Erdmittelalter (Trias, Jura und Kreide), das vor ca. 252,2 Millionen Jahren begann und vor etwa 66 Millionen Jahren endete

meta-: hinter-, Hinter-

Metamorphose: Umwandlung der Entwicklungsstadien zum fertigen Gliederfüßer; Umwandlung von der Larve zu der Imago

Metamorphorium: Kunststoff- oder Glasbehältnis, das mit feuchtem Substrat (meist Erde oder ähnliches feuchtigkeitsspeicherndes Material) befüllt und zur separaten Unterbringung der Prä-Puppen und Puppen verwendet wird

Metasternum: Hinterbrust (bauchseitig)

Metatarsus: 1. Fußglied

Metathorax: Hinterbrust (rückenseitig); das 3. (letzte) Brustsegment

Microlepidoptera: Gruppe der Kleinschmetterlinge

Mikropyle: eingebuchtete Durchlassstelle (für den Samen) in der Eischale

Mikroskulptur: feinste Unebenheiten auf der Oberfläche der Cuticula, siehe auch Skulptur

Mimese: Nachahmung der Umgebung durch ein Tier, Tarntracht

Mimikry: Nachahmung eines wehrhaften oder giftigen Tieres durch ein ungefährliches Tier, Schutztracht

Minen: von Larven im Inneren von Blatt, Stängel oder Frucht einer Pflanze freigefressene Hohlräume

Moiren: griechisch für »Schwestern«

mono: ein-, einzel-

monophag: nur an einer Pflanzenart fressend

Mordraupen: fressen Raupen, auch anderer Arten, an und auf

Morphologie: Lehre vom äußeren Bau biologischer Strukturen

Mutation: erbliche Veränderung des Aussehens einer Art

Myrmecophilie: Zusammenleben von Ameisen mit anderen Insekten; besonders bekannt von Bläulingsraupen.

N

Nachschieber: unechte Beine am letzten Segment des Hinterleibs der Raupe

Nomenklatur: wissenschaftliche Benennung der Arten; international geregelt, festgelegt in den »Internationalen Regeln der Zoologischen Nomenklatur«; **binäre N.:** Ordnungssystem, das von Carl von Linné zur wissenschaftlichen Benennung der lebenden Organismen entwickelt wurde, danach trägt jede Art einen zweiteiligen Namen

Neoptera: Überordnung der Neuflügler

Nominatform: Form, die als erste Artnamen erhielt (oft falsch als »Stammform« bezeichnet)

O

Ocelle, Ocellus: kleine lichtempfindliche Einzelaugen (Punktaugen), die lediglich dem Hell-/Dunkelsehen dienen

Ödophagus: Speiseröhre

Ökologie: Lehre von den Wechselbeziehungen zwischen Organismen und Umwelt

oligophag: an wenigen Pflanzenarten fressend

Ommatidium: Einzelauge, aus denen die Facettenaugen der Gliederfüßer (darunter z. B. die Insekten und Krebstiere) zusammengesetzt sind

Ovar, Ovarien (Plural): Eierstock, Eierstöcke

Oviporus: Legeöffnung (für die Eier) am Abdomenende

P

Paläontologie: Wissenschaft von den Lebewesen vergangener Erdzeitalter

Palpen: an der Unterseite des Kopfes zwischen den Augen und um den Rüssel sitzende Fortsätze, die zahlreiche Sinnesorgane tragen

Parapause: Ruhestadium in der Entwicklung der Insekten (bei Eiern, Larven und Puppen), häufig ausgelöst von Außenfaktoren wie Trockenheit oder ungünstigen Temperaturverhältnissen (Kälte)

Parasit, parasitisch: Lebensform, die an oder in einer anderen Lebensform mehr oder weniger von dieser lebt, sie schädigt, in der Regel aber nicht tötet

parasitoid: Lebensform, die an oder in einer anderen Lebensform von dieser lebt, sie schädigt, und schließlich auch tötet

pathologisch: krankhaft

Pebrine: schwere Raupenkrankheit

Pedicellus: zweites Segment der Antennen, Wendeglied

Phänotypus: äußere, nicht erbliche Erscheinungsform eines Tieres oder eines seiner Merkmale

Pharynx: Rachen

Pheromone: Substanzen, die der Kommunikation zwischen Organismen der gleichen Art dienen, z. B. Sexuallockstoffe, Stoffe zur Wegmarkierung etc.

Pigment: Farbstoff, der bei Schmetterlingen vorwiegend in den Schuppen liegt

Polymorphismus: bezeichnet das Auftreten verschieden geformter oder verschieden gezeichneter Stücke gleicher Art

polyphag: an vielen verschiedenen Pflanzen fressend

Population: alle Individuen einer Art innerhalb eines bestimmten Gebietes

Prädator: Organismen, die andere, lebende Organismen jagen und konsumieren

Primärlarve: Larve im ersten Entwicklungsstadium

Proboscis: zu einem Saugrüssel modifizierte Mundwerkzeuge, dieser Saugrüssel rollt sich ein, wenn er nicht benutzt wird

Prolegomena: unechte, fleischige und nicht segmentierte Beine am Hinterleib

Propygidium: vorletztes Tergit

Prosternum: Vorderbrust, 1. Brustsegment

Prothorax: Vorderbrust, 1. Brustsegment

Pseudochrysalis, auch larva coarctata: Scheinpuppe

Pterygota: Unterklasse der Fluginsekten

Punktauge(n): siehe Ocelle

Puppenruhe: meist bewegungsloses Übergangsstadium

Puppenwiege: von einer Insektenlarve in Erde oder Holz zur Verpuppung angelegter Hohlraum

Pygidium: letztes Tergit des Hinterleibs, Endplatte

Q

Quieszenz: Stadium der Überdauerung ungünstiger Umweltbedingungen

R

Receptaculum seminis: im Hinterleibsende, oberhalb des Ausganges des Eileiters gelegenes Hohlorgan, in dem die Spermien lebenslang unter Erhalt ihrer Befruchtungsfähigkeit gelagert werden

Rhopalocera: Tagfalter

Rüssel: Die meisten Schmetterlinge tragen einen langen, eingerollten Saugrüssel, mit dem sie Blütensäfte saugen.

S

Sackträger: Schmetterlinge, deren Raupen in einem aus verschiedensten Vegetationsteilen selbst hergestellten Gehäuse leben

Saisondimorphismus: unterschiedliches Aussehen der in verschiedenen Jahreszeiten auftretenden Generationen einer Art

Scaphium: siehe Gnathos

Scapus: Fühlerschaft (erstes Fühlerglied)

Schreckfarbe: Farben und Muster, wie Augenflecken und Kontrastfarben, die unvermittelt vorgezeigt werden, um eventuelle Angreifer abzuschrecken

Schuppen: kompliziert gebaute, leicht abstreifbare, ursprüngliche Haare

Scutellum: Schildchen, Deckplatte der Mittelbrust

Sekundärlarve: Larve im zweiten Entwicklungsstadium

Segment: Körperring

Setae: lange Tasthaare, Borsten

Sexualdichromatismus: unterschiedliche Färbung der Geschlechter einer Art

Signum oder **Lamina dentata:** dornenförmige, chitinisierte Fortsätze, die zur Aufschliessung des Samens dienen

Sklerotisierung: Erhärtung der Cuticula nach Häutung oder Schlupf

Skulptur: Oberflächenstruktur der Cuticula, siehe auch Mikroskulptur und Chagrinierung

Spermathek: Samentasche, Spermavorratstasche

Spezies: Art

Sphingidae: Schmetterlings-Familie der Schwärmer

Sternit: Bauchspange auf der Unterseite des Abdomens

Sterigma: Die Antevaginalplatte vor und die Postvaginalplatte hinter der Geschlechtsöffnung werden gemeinsam als Sterigma bezeichnet.

Sternum: Hartteile des ventralen Skeletts

Stigma, Plural **Stigmen:** seitliche Atemöffnungen, lateral auf den Abdominalsegmenten befindlich

Stipes: Stammstück, Mittelteil des Unterkiefers (Maxille) der Insekten

Stridulation: Lauterzeugung durch Aneinanderreiben von Körperteilen mit Schrillkanten

Subfamilie: Unterfamilie

Subgenus: Untergattung

Subspezies: Unterart

Symbiose: Zusammenleben verschiedener Arten zum gegenseitigen Nutzen

Synonym: ein nach den Regeln der Nomenklatur ungültiger Name für eine Art

T

Tarsus, Plural **Tarsen:** Fuß, Vorder-, Mittel- und Hinterfuß

Tarsomeren: Fußglieder

Taxon, Plural **Taxa:** als systematische Einheit erkannte Gruppe von Lebewesen

Taxonomie: Lehre vom wissenschaftlichen Benennen und Klassifizieren von Arten

Tegmina: Vorderflügel der Schmetterlinge

Tegula, Plural **Tegulae:** Flügelschuppe(n): Chitinschuppe, die die Flügelbasis bedeckt und schützt

Tergit: Bauchspange des Abdomens auf der Oberseite

Tergumen: dorsaler Teil des männlichen Geschlechtsapparates

Thanatose: Totstellreflex, vollständige Starre eines Insekts bei Gefahr

Thorax: die Brust, aufgeteilt in Prothorax (Vorderbrust), Mesothorax (Mittelbrust) und Metathorax (Hinterbrust)

Tibia, Plural **Tibien:** Schiene, Schienbein

Toment: dichte, kurze, samtartige Behaarung, liegt oft fleckig verdichtet vor

Tracheen: sklerotisiertes Röhrensystem im Körper, Atmungssystem der Insekten

Transtila: im 9. Abdominalsegment befindliche männliche Geschlechtsorgane

Tribus, Plural **Triben:** in der Systematik eine Rangstufe zwischen Unterfamilie und Gattung (sofern es keinen Untertribus gibt)

Trochanter: Schenkelring

Tuberkel: kleiner Höcker auf der Hautoberfläche

Tympanalorgan: Gehörorgane, Trommelfellorgane. Diese Organe sind hauptsächlich auf Thorax oder Abdomen zu finden.

Typus: in der biologischen Nomenklatur ein Bezugspunkt, der als Grundlage zur wissenschaftlichen Beschreibung eines Taxons dient

U

Uncus (lat.: »Haken«): hakenförmiger Fortsatz im männlichen Genitalapparat

Ungeus: (meist paarige) Krallen am Tarsus

Unterfamilie: in der Systematik eine Rangstufe zwischen Familie und Tribus

Untergattung: in der Systematik eine Rangstufe, die eine oder mehrere Arten enthält. Die Arten einer Untergattung sind näher miteinander verwandt als mit den Arten der übrigen Untergattungen innerhalb einer Gattung

Untertribus: in der Systematik eine Rangstufe zwischen Tribus und Gattung

V

Valven: Teile des männlichen Geschlechtsapparates, sie dienen zur Umklammerung des Weibchens bei der Kopulation

ventral: bauchseitig (unten) gelegen

Vertex: Scheitel, Teil der Kopfkapsel mittig zwischen und hinter den Facettenaugen

vertikal: senkrecht, sich in einer senkrechten Linie erstreckend

W

Wanderfalter: gute Flieger, die Wanderungen mit zum Teil dem Vogelzug vergleichbaren Strecken durchführen

Warntracht, -färbung: signalisiert, dass der Schmetterling gefährlich oder ungenießbar ist

Winterruhe: stark eingeschränkte Stoffwechsel- und Körperaktivität. Im Gegensatz zur Winterstarre oder zum Winterschlaf ist die Winterruhe keine durchgängige Schlafphase, sondern wird von Wachphasen unterbrochen

Z

Zeugloptera oder **Protolepidoptera:** Unterordnung der Schmetterlinge beinhaltet Familien mit primitiven/ kauenden Mundwerkzeugen statt eines Saugrüssels

zoophag: sich von Tieren ernährend

Dank

Das vorliegende Buch wäre ohne vielfältige Unterstützung gar nicht möglich gewesen. Für die Möglichkeit, dieses Buchprojekt realisieren zu können, bedanke ich mich herzlich bei Michael Wolf von der Neuen Brehm-Bücherei. Für die erste Durchsicht des Manuskriptes und hilfreiche Anmerkungen danke ich Janine Golla/Leipzig, Dr. Chris Lewis/Großbritannien und Prof. Dr. Marcel Robischon/Berlin. Für das Lektorat und die produktive Zusammenarbeit geht ein herzliches Dankeschön an Caren Fuhrmann.

Mein Dank gilt außerdem:

Michael Hortig für Übersetzungsarbeiten und Hilfe bei technischen Problemen, Claudia Hillmoth und Mareike Ehrnst für die Anfertigung von Karten und Tabellen, John Oliver Dum und Jean Haxaire für die Anfertigung von Makroaufnahmen, Björn Goosses (www.killustrations.de), Julia Morisse und Devon Henderson für die Überlassung von Zeichnungen und Illustrationen.

Für die freundliche Bereitstellung von Bildmaterial und hilfreichen Informationen bedanke ich mich bei folgenden Vereinen, Verbänden, Gesellschaften und Institutionen:

Deutscher Imkerbund, Aquazoo und Löbbecke Museum/Düsseldorf, Fiebig Lehrmittel/Berlin, Naturkundemuseum Berlin, LWL-Museum für Naturkunde/Münster, Senckenberg Museum/Frankfurt a. M., Museum Witt/München, Anton-Heine-Schule (AHS), BUND & NABU/alle Münster, Bayerische Staatsbibliothek München, CIT Coin Invest AG/Balzers, Liechtenstein.

Für die Bereitstellung von Foto- und Bildmaterial geht mein herzlicher Dank an:

Artwork Obzerv & die Band Acherontia styx, Alf Ator/Berlin, Anja Borgman/Münster, Natalie Bülte/Wesel, August Deitmer/Stadtlohn, John Oliver Dum/Bendorf, Mareike Ehrnst/Osnabrück, Isa El/Munein, Nina und Boris Evers/Münster, Ina Gravemeier/Osnabrück, Andi & Kira Hain/Münster, Yvonne Hase/Ratingen, Jean Haxaire/Laplume, Marie Johanna Hellenthal/Breitstadt, Devon Henderson/London, Claudia Hillmoth/Münster, Dr. Chris Lewis, Sandra Malz/Amelinghausen, Jane Mann/Großbritannien, Henry Meister/Münster, Julia Morisse/Selm, Conny Niemann/Oldenburg, Marisa Paramonow/Bremen, Gergely Petrány/Budapest, Tim Sagorski/Dortmund, Daniel Schmidt/Mengeringhausen, Monika Schorn/Düsseldorf, Sandra & Ira Schulz/Lengerich, Lucy Styrax/Essen, Steffen & Jonas Tenk/Südlohn.

Literaturverzeichnis

Aus der Fülle der Publikationen zum Thema kann hier nur eine kleine Auswahl zusammengestellt werden, die den direkten Bezug zum Text in diesem Buch haben. Den an weiterführenden Informationen Interessierten wird empfohlen, Kontakt mit dem Autor aufzunehmen.

BUNBURY, A. (1901): In: The Field v. 07.12.1901.

DE FREINA, J. J. & T. J. WITT (1987): Die Bombyces und Sphinges der Westpaläarktis. Band 1. Noctuoidea, Sphingoidea, Geometroidea, Bombycoidea. – Edition Forschung und Wissenschaft, München, 708 S.

DIERL, W. (1975): Grzimeks Tierleben. Bd. 2: Insekten. Aufl.1969. – Kindler Verlag AG, Zürich, 627 S.

EBERT, G. (1994): Die Schmetterlinge Baden-Württembergs. Band 4: Nachtfalter II (Bombycidae, Endromidae, Lemoniidae, Saturniidae, Sphingidae, Drepanidae, Notodontidae, Dilobidae, Lymantriidae, Ctenuchidae, Nolidae). – Eugen Ulmer Verlag, Stuttgart, 535 S.

EBERT, G. (2003): Die Schmetterlinge Baden-Würtembergs, Band 9: Nachtfalter VII. – Eugen Ulmer Verlag, Stuttgart, 609 S.

EGGER, A. (1975): Ein Beitrag zur Biologie und Parasitierung des Totenkopfschwärmers *Acherontia atropos* L. (Lepidoptera, Sphingidae). – Waldhygiene 11: 27–29.

FISCHER & BENZ (1955): Atalanta 21 (1/2, Okt.) 65–67, Würzburg.

FRIEDRICH, E. (1975): Handbuch der Schmetterlingszucht. – Franckh'sche Verlagshandlung, Kosmos-Verlag, Stuttgart, 186 S.

GEIGER, H. (1980): Kleine Entomologie. Praktische Tips zur Zucht und Präparation von Schmetterlingen. – Entomologische Berichte Luzern 3: 94–98.

GILLMER, M. (1905): Berichtigungen und Zusätze zu der im 57. u. 58. Jahrgange des Archivs erschienenen »Uebersicht der von Herrn E. BUSACK bei Schwerin und Waren gefangenen Grossschmetterlinge.« – Archiv der Freunde des Vereins Naturgeschichte in Mecklenburg, 59. Jg. 1905: 47–120 (in: REINHARDT & HARZ [1996]).

GOEZE, J. A. E. (1780): Entomologische Beiträge zu des Ritters LINNÉ 12. Ausgabe des Natursystems. 2. Band, 3. Theil. Leipzig (in: REINHARDT & HARZ [1996]).

GRIMALDI, D. & M. S. ENGEL (2005): Evolution of the Insects. – Cambridge University Press, New York, 772 S.

HARBICH, H. (1978): Zur Biologie von *Acherontia atropos* (Lep., Sphingidae). – Entomologische Zeitschrift 88: 29–36 und weitere (in: REINHARDT & HARZ [1996]).

HARBICH, H. (1981): Eine Freilandzucht von *Acherontia atropos* (Lep., Sphingidae). – Entomologische Zeitschrift 91: 272–274 (in: REINHARDT & HARZ [1996]).

HARRIS, M. (1986): The Aurelian: or Natural History of English Insects, namely Moths and Butterflies. Together with the plants on which they feed. Nachdruck der Ausgabe von 1766 publ. in London, Country Life Books, Twickenham/Middlesex 104 S.

KLOTS, A., KLOTS, E., FORSTER, W. & W. DIERL (1969): Knaurs Tierreich in Farben. Bd. 1: Insekten. Volksausgabe. – Droemersche Verlagsanstalt Th. Knaur Nachf., München, Zürich, 256 S.

KOCH, M. (1966): Wanderfalter Studien 1. *Herse convolvuli* L., *Phytometra gamma* L. und *Acherontia atropos* L. – Entomologische Nachrichten und Berichte 10: 81–85.

LEUTHÄUSEL, W., GAHL, M. & W. RÖLL (1979): Die Nahrungsaufnahme von *Acherontia atropos* während des Larvenstadiums (Lep.: Sphingidae). – Entomologische Zeitschrift 89: 65–71 (in: REINHARDT & HARZ [1996]).

LINNÉ, C. VON (1758): Systema naturae per regna tria naturae, secundum clases, ordines, genera, species, cum characteribus, differentiis, synonymis, locis. T. 1, 10. überarb. Ausg., 824 S.

LÖDL, M. (2010): Sammeln – ein kulturelles Phänomen [Online]. – www.austria-forum.org; URL besucht am 23.02.2021.

MELL, R. (1955): Der Seidenspinner. – A. Ziemsen Verlag, Wittenberg, 39 S.

MORSE, R. A. & T. HOOPER (1985): The Illustrated encyclopedia of beekeeping. – Dutton Adult, New York, 432 S.

MOUCHA, J. & I. NOVAK (1972/73): Schmetterlinge – Tagfalter, Natur in Farbe. – Mosaik Verlag, München, 192 S.

MÜLLER, A. (2020): Todesbote des Klimawandels [Online]. – www.taz.de; URL besucht am 21.03.2021.

NABU DEUTSCHLAND (2022): Insektensterben. Hochintensive Landwirtschaft ist einer der Hauptgründe [Online]. – https://www.nabu.de/natur-und-landschaft/landnutzung/landwirtschaft/artenvielfalt/insektensterben/index.html, besucht am 22.03.2022.

NEWMAN, L. H. (1965): Hawk-moths of Great Britain and Europe. – Cassell, London, 148 S.

PRELL, H. (1920): Die Stimme des Totenkopfes (*Acherontia atropos* L.). – Zoologische Jahrbücher. Abteilung für Systematik, Geographie und Biologie der Tiere 42: 235–272.

RAM, P., SAINI, R. K. & S. S. SHARMA (o. J.): Natural biological control of Til Hawk Morph, *Acherontia styx* Westwood on sesame. – Department of Entomology, CCS, Haryana Agricultural University, Hisar.

REICHHOLF, J. H. (2009): Die Sahel-Niederschläge als Ursache für die unterschiedliche Häufigkeit von Totenkopfschwärmern *Acherontia atropos* (Linnaeus, 1758) in Mitteleuropa nördlich der Alpen. – Atalanta 40: 165–168.

REICHHOLF, J. H. (2018): Schmetterlinge. Warum sie verschwinden und was das für uns bedeutet. – Carl Hanser, München, 288 S.

REINHARDT, R. & K. HARZ (1996): Wandernde Schwärmerarten. Totenkopf-, Winden-, Oleander- und Linienschwärmer. Die Neue Brehm-Bücherei, Bd. 596. – A. Ziemsen Verlag, Wittenberg, 112 S.

ROSE (1974): Atalanta 7.

RÖSEL VON ROSENHOF, A. J. (1749): Der monathlich-herausgegebenen Insecten-Belustigung ... Theil 2. Nürnberg.

RÖSEL VON ROSENHOF, A. J. (1755): Der monathlich-herausgegebenen Insecten-Belustigung ... Theil 3. Nürnberg.

SCHROECK (1688): zitiert aus MÜLLER (2020).

SKAIFE, S. H., LEDGER, J. & A. BANNISTER (1981): Afrikanische Insekten. – Perlinger Verlag, Wörgl, 344 S.

SKELL, F. (1929): Über Aberrationsbildung bei *Acherontia atropos* L. und *Herse convolvuli* L. durch ein mechanisches oder thermisches Trauma. – Mitteilungen der Münchner Entomologischen Gesellschaft, 19. Jg., 303–310.

WEBER (1954): Grundriss der Insektenkunde. – G. Fischer, Stuttgart, 428 S.

WILKES, B. (1773): One Hundred And Twenty Copper-Plates of English Moths and Butterflies. – London.

Anhang

Schmetterlingshäuser (Auswahl)

Schmetterlingsfarm Trassenheide/Usedom/Mecklenburg-Vorpommern

Insektenmuseum und Schmetterlingsfarm Steinhude, Wunstorf/Niedersachsen

Schmetterlingshaus im Maximilianpark Hamm/Nordrhein-Westfalen

Schmetterlingsgarten Eifalia, Ahrhütte/Eifel/Nordrhein-Westfalen

Schmetterlingshaus im Luisenpark, Mannheim/Baden-Württemberg

Garten der Schmetterlinge, Schloss Sayn, Bendorf-Sayn/Rheinland-Pfalz

Schmetterlingshaus im Elbauenpark, Magdeburg/Sachsen-Anhalt

Schmetterlingshaus auf der Insel Mainau im Bodensee, Konstanz/Baden-Württemberg

Garten der Schmetterlinge Friedrichsruh, Aumühle/Schleswig-Holstein

Schmetterlings-Dschungel im Zoo Krefeld/Nordrhein-Westfalen

Schmetterlingshaus im Kölner Zoo/Nordrhein-Westfalen

Schmetterlingshaus Jonsdorf/Zittauer Gebirge/Sachsen

Schmetterlingshaus im Neuen Botanischen Garten der Philipps-Universität Marburg/Hessen

Schmetterlingspark »Alaris« in Buchholz/Nordheide/Niedersachsen

Schmetterlingspark in Sassnitz/Rügen/Mecklenburg-Vorpommern

Schmetterlingshaus in der Biosphäre Potsdam/Brandenburg

Schmetterlingshaus Egapark, Erfurt/Thüringen

Schmetterlingspark Alaris Uslar/Niedersachsen

Schmetterlingshaus in Dortmund/Nordrhein-Westfalen

Schmetterlingshaus im Botanischen Garten Leipzig/Sachsen

Schmetterlingshaus im Vogelpark Marlow/Mecklenburg-Vorpommern

Schmetterlingspark Alaris Wittenberg/Sachsen-Anhalt

Schmetterlingshaus in Wien/Österreich

Schmetterlingsgarten im Museum of Science in Boston/Mass./USA

Vereine, Verbände und Interessensgruppen

Zum gegenseitigen Informationsaustausch, Besuch von organisierten Exkursionen oder Fachvorträgen, zur Fortbildung, zum Bezug von Fach- und Vereinszeitschriften u. a. m. empfiehlt es sich, einer Vereins- oder Interessensgruppe beizutreten. Von der örtlichen Lepidopteren-Gruppe bis zum nationalen oder internationalen Entomologie- oder Lepidopterologie-Verband bieten sich viele Möglichkeiten, um mit Gleichgesinnten in Kontakt zu kommen. Im Folgenden eine beispielhafte Auswahl:

AG Rheinisch-Westfälische Lepidopterologen www.melanargia.de

Amateur Entomologische Gesellschaft UK www.amentsoc.org.

Arbeitsgemeinschaft Hessischer Lepidopterologen www.arge-helep.de

Arbeitskreis Insektenkunde Rheinland-Pfalz https://www.pollichia.de/index.php/arbeitskreise/entomologie

Deutsche Gesellschaft für Herpetologie und Terrarienkunde/DGHT www.dght.de

Entomologischer Verein Apollo e. V., Frankfurt a. M. www.apollo.frankfurt.de

Gesellschaft für Schmetterlingsschutz https://www.ufz.de/european-butterflies/

Mitteilungsblatt Leipziger Entomologen http://www.mariograul.de/matindex.htm

Naturwissenschaftlicher Verein für Schwaben www.nwv-schwaben.de/naturfotografie/links.de

Thüringer Entomologenverband https://www.tev-nabu-thueringen.de/

Zentrale Arbeitsgruppe Wirbellose/ZAG Wirbellose https://www.zag-wirbellose.eu/

Australische Nationale Insektensammlung https://www.csiro.au/en/Research/Collections/ANIC

Butterfly Conservation Society England https://butterfly-conservation.org/

Butterfly Conservation's European Butterflies Group http://european-butterflies.org.uk/

Les Lépidoptéristes de France https://www.lepidofrance.com/

Lepidoptera Research Foundation Inc, USA https://lepidopteraresearchfoundation.org/contact.php

McGuire Center for Lepidoptera and Biodiversity USA https://www.floridamuseum.ufl.edu/mcguire/

The Lepidopterists« Society of Africa https://lepsocafrica.org/ .

The Lepidopterists« Society USA https://www.lepsoc.org/

Xerces Society USA www.xerces.org

Weblinks

EU-Insekten – Käfer, Schmetterlinge und andere Insekten www.eu-insekten.de
Schmetterlinge Europas www.butterflies.de & www.lepidoptera.eu & www.leps.it & www.schwalbenschwanz.ch & www.meloidae.com
Schmetterlinge Deutschlands https://www.schmetterlinge-d.de/Lepi/Default.aspx
Schmetterlinge Baden-Württembergs www.schmetterlinge-bw.de
Schmetterlinge Rheinland-Pfalz https://www.bund-rlp.de/themen/tiere-pflanzen/schmetterlinge/
Schmetterlinge im Ruhrgebiet https://www.bswr.de/fauna/schmetterlinge/index.php
Schmetterlinge in Wildau und Berlin www.schmetterlingeinwildauundberlin.de
Schmetterlinge Bayern www.schmetterlinge-bayern-bw.de & www.golddistel.de
Schmetterlinge in Oberbayern http://www.tag-schmetterlinge.de/
Tagfalter in Bayern https://www.tagfalterbayern.de
Schmetterlinge im Westerwald www.schmetterlinge-westerwald.de
Nachtfalter Englands www.ukmoths.org.uk
Schmetterlinge der Niederlande www.weNature-hd.nl
Schmetterlinge Österreichs www.schmetterlinge.at
Schmetterlinge der Schweiz www.tagfalter.ch & www.schwalbenschwanz.ch & www.euroleps.ch & www.pieris.ch & www.lepidoptera.ch
Schmetterlinge Amerikas www.butterfliesofamerica.com
Schmetterlinge und Motten Nordamerikas www.butterfliesandmoths.org
Eier, Larven, Puppen und ihre Schmetterlinge und Motten Amerikas www.ukleps.org. & www.npwrc.usgs.gov/resource/distr/lepid/bflyusa/bflyusa.htm
Australische Raupen, Schmetterlinge und Motten www.lepidoptera.butterflyhouse.com.au
Tropische Schmetterlinge www.tropicleps.ch
BugGuide www.bugguide.net
HOSTS-Datenbank der weltweiten Schmetterlings-Futterpflanzen www.nhm.ac.uk./our-science/data/hostplants
Kirby Wolfe Saturniidae Sammlung www.silkmoths.bizland.com/kirbywolfe.htm
Lerne über Schmetterlinge www.learnaboutbutterflies.com
Ökologie der Schmetterlinge www.pyrgus.de
Monarch Larva Monitoring Project https://monarchjointventure.org/monarch-biology
Monarch Watch www.monarchwatch.org
Naturkundemuseum Karlsruhe www.smnk.de
Pfalzmuseum für Naturkunde www.pfalzmuseum.de
Saturnia Homepage www.saturnia.de

Links für Kinder, Schulen und Tagfaltermonitoring

BUND-Tagfalter-Monitoring www.tagfalter-monitoring.de
BUND Faltertage www.abenteuer-faltertage.de
Science4you-Portal https://www.falterfunde.de/platform/s4y/falterfunde/index.do & https://www.wanderfalter.org/platform/s4y/dfzs/index.do & https://www.naturbeobachtung.at/platform/mo/nabeat/index.do
Schmetterlingsgarten www.sayn.de
Schmetterlinge basteln www.basteln-gestalten.de/schmetterling-basteln
Schmetterlings-Spezial https://www.kidsweb.de/schmetterlings_spezial/schmetterlings_spezial.html

Schmetterlingsforen

Lepiforum www.lepiforum.de
Schmetterlingsforum www.schmetterlingsforum.de
Actias Forum und Internetbörse für Insekten und Spinnen www.actias.org
Portal für Raupen und Falter www.schmetterling-raupe.de

Weiterführende Links

Bundesartenschutzverordnung (BartSchV) https://www.gesetze-im-internet.de/bartschv_2005/BJNR025810005.html
Bundesministerium für Umwelt, Naturschutz, nukleare Sicherheit und Verbraucherschutz (BMUV) https://www.bmuv.de/themen/naturschutz-artenvielfalt/artenschutz/nationaler-artenschutz/rote-listen
Rote Liste https://www.rote-liste-zentrum.de/de/Download-Wirbellose-Tiere-1875.html
The IUCN Red List https://www.iucnredlist.org/
Wissenschaftliches Informationssystem zum internationalen Artenschutz (Wisia) www.wisia.de

Register